はじめに

2010年6月13日、日本中が小惑星探査機「はやぶさ」の帰還に沸いた。小惑星イトカワのサンプル採取を目的に打ち上げられたこの小さな探査機は、7年の歳月をかけて、約60億キロの長旅を成功させたのだ。数々の苦難を乗り越え、満身創痍《まんしんそうい》の状態で地球に戻り、最後は大気圏で燃え尽きたはやぶさ――その物語は多くの人々の心を打った。そして、その後に作られたたくさんの書籍や映画作品によって、私たちはその感動を何度でも味わうことができる。

　だが、探査機はやぶさが誕生するまでには、数多くの研究者や技術者たちの血のにじむような努力があったことを忘れてはならない。思い返せば、完成して間もない国際宇宙ステーションをはじめ、宇宙往還機スペースシャトル、アポロの月着陸、ガガーリンの有人宇宙飛行と、過去にもさまざまな宇宙開発が行われてきた。その陰には、はやぶさ同様、大勢の献身的な努力があったことは間違いない。しかも、これらは成功例だ。宇宙開発の歴史の中では、成功だけでなく失敗した事例も数限りなくある。そうした失敗にめげることなく、その中からさまざまなことを学びとって、人類は着実に宇宙へと歩を進めてきたのである。

　私たちを宇宙へと突き動かしつづける原動力はなんだろう。それは「好奇心」だ。人々の心の中に潜む「なぜ？　どうして？」という気持ち。そして、その疑問を解決したいと思うことこそ、人類が共通して持っている好奇心なのだ。「宇宙はどうなっている？」「宇宙開発はどのように行われてきた？」「そもそも宇宙とは何？」――本書はそんな疑問に答えるべく、最新の情報を盛り込みながら、太陽系や銀河、宇宙開発、宇宙論についてまとめている。本書を入り口にして、広大で謎に満ちた宇宙への興味を深めていただければ幸いである。

宇宙がまるごとわかる本

CONTENTS

●原稿中に登場する略称は以下の通り。
●日本／JAXA＝宇宙航空研究開発機構
●アメリカ／NASA＝アメリカ航空宇宙局
●ヨーロッパ／ESA＝欧州宇宙機関

本書の情報は2012年1月15日現在のものです。

本書は『ニュースでわかる！ 宇宙』（学研パブリッシング刊）に大幅に加筆・訂正を加え、再編集したものです。

●写真クレジット
表紙：Hubble Heritage Team, ESA, NASA●NASA, ESA, J.Clarke(Boston University), and Z.Levay(STScI)●NASA●A.Caulet (ST-ECF, ESA) and NASA●NASA
表2&1ページ：NASA, ESA, and H.Richer (University of British Columbia)
奥付&表3：NASA, ESA, and A. Nota(STScI/ESA)
表4：NASA, ESA, and A. Nota(STScI/ESA)●NASA and The Hubble Heritage Team(AURA/STScI)●NASA, ESA, S. Beckwith (STScI) and the HUDF Team●NASA/JPL-Caltech●NASA, ESA, and the Hubble SM4 ERO Team

Part 1

最新の宇宙探査から見えてきた宇宙の姿

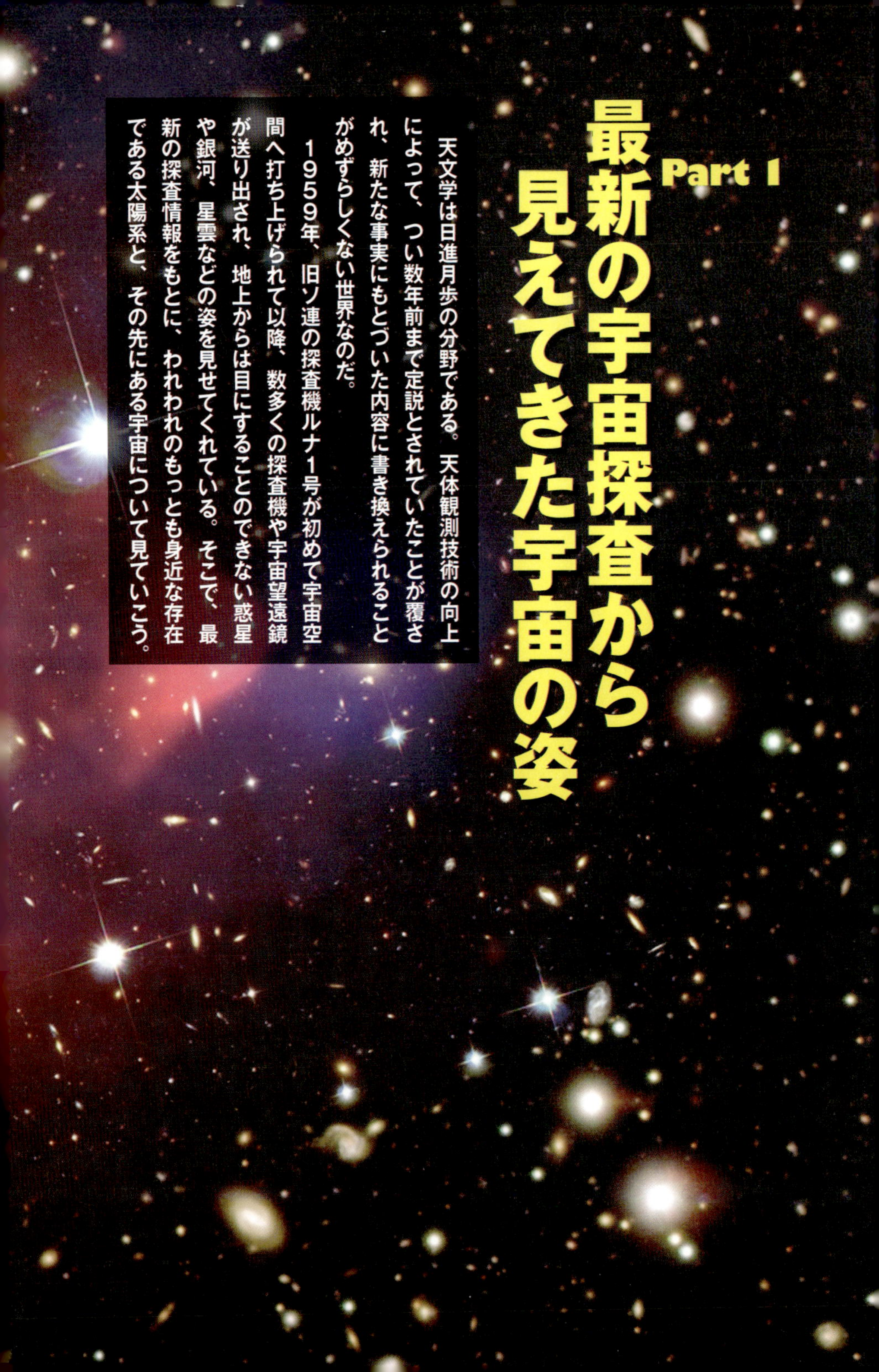

天文学は日進月歩の分野である。天体観測技術の向上によって、つい数年前まで定説とされていたことが覆され、新たな事実にもとづいた内容に書き換えられることがめずらしくない世界なのだ。

１９５９年、旧ソ連の探査機ルナ１号が初めて宇宙空間へ打ち上げられて以降、数多くの探査機や宇宙望遠鏡が送り出され、地上からは目にすることのできない惑星や銀河、星雲などの姿を見せてくれている。そこで、最新の探査情報をもとに、われわれのもっとも身近な存在である太陽系と、その先にある宇宙について見ていこう。

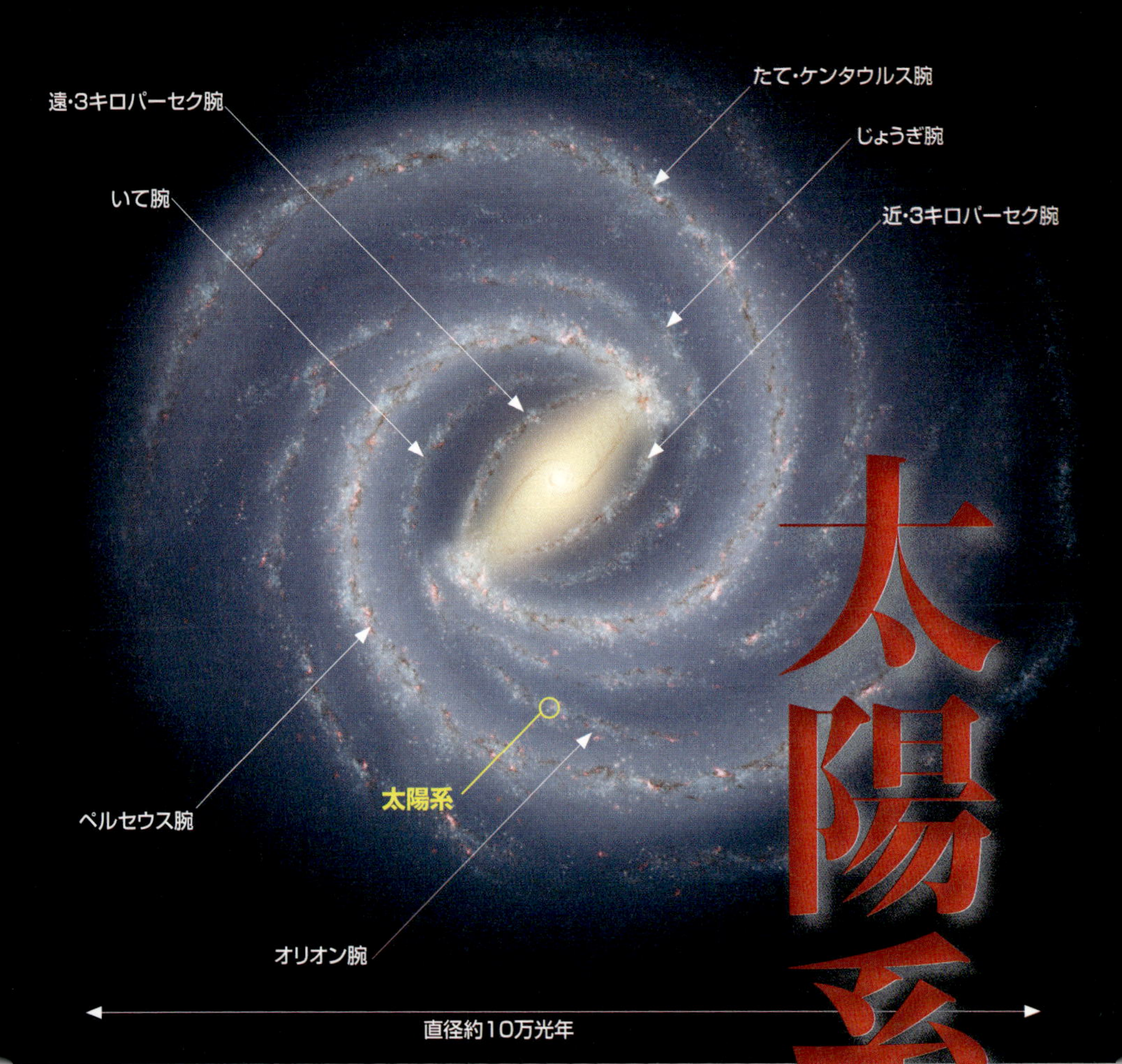

太陽系

Solar System

銀河に浮かぶ直径1光年の天体集団

銀河系における太陽系の位置

太陽系の直径は約1光年で、直径約10万光年の「銀河系」(「天の川銀河」ともいう)に属し、その中心から2万5000～2万8000光年離れた、「オリオン腕《わん》」と呼ばれる部分に位置する。銀河系の回転にともない、太陽系も秒速約217キロメートルのスピードで動いており、およそ2億5000万年で銀河系内を1周している。

太陽の周囲をめぐる8つの惑星

およそ50億年前、宇宙空間に漂う星間物質が集まり、原始星が生まれた。原始星は周囲にある星間物質を集めつづけて恒星となり、さらに恒星の周囲をめぐる星間物質が集まって、やがていくつもの天体ができた。太陽と太陽系の誕生だ。

太陽系は、太陽を中心に公転する8つの惑星と衛星、小惑星や彗星などの天体で構成されている。8つの惑星のうち、地球よりも太陽に近い軌道（地球の内側の軌道）をめぐる水星、金星を「内惑星《ない》」、太陽から遠い軌道（地球の外側の軌道）をめぐる火星、木星、土星、天王星、海王星を「外惑星《がい》」という。

以前は冥王星も惑星のひとつに数えられていたが、冥王星が月よりも小さい天体であることがわかったり、冥王星よりも大きな天体が発見されたりしたことから、2006年8月に開催された国際天文学連合（IAU）の総会で、冥王星は惑星から「準惑星（冥王星型天体）」に分類されることとなった。

内側と外側で異なる惑星の組成

また、地球や火星、水星、金星といった、主に岩石で構成された惑星を「地球型惑星」（または「岩石惑星」）と呼ぶ。この岩石惑星に対して、主にガスなどから構成された惑星を「木星型惑星」と呼ぶ。さらに、木星や土星のようにガスから構成された惑星を「巨大ガス惑星（ガスジャイアント）」、天王星や海王星のように氷やメタンなどから構成された惑星を「巨大氷惑星（アイスジャイアント）」と分類する場合もある。

こうした惑星の組成の違い

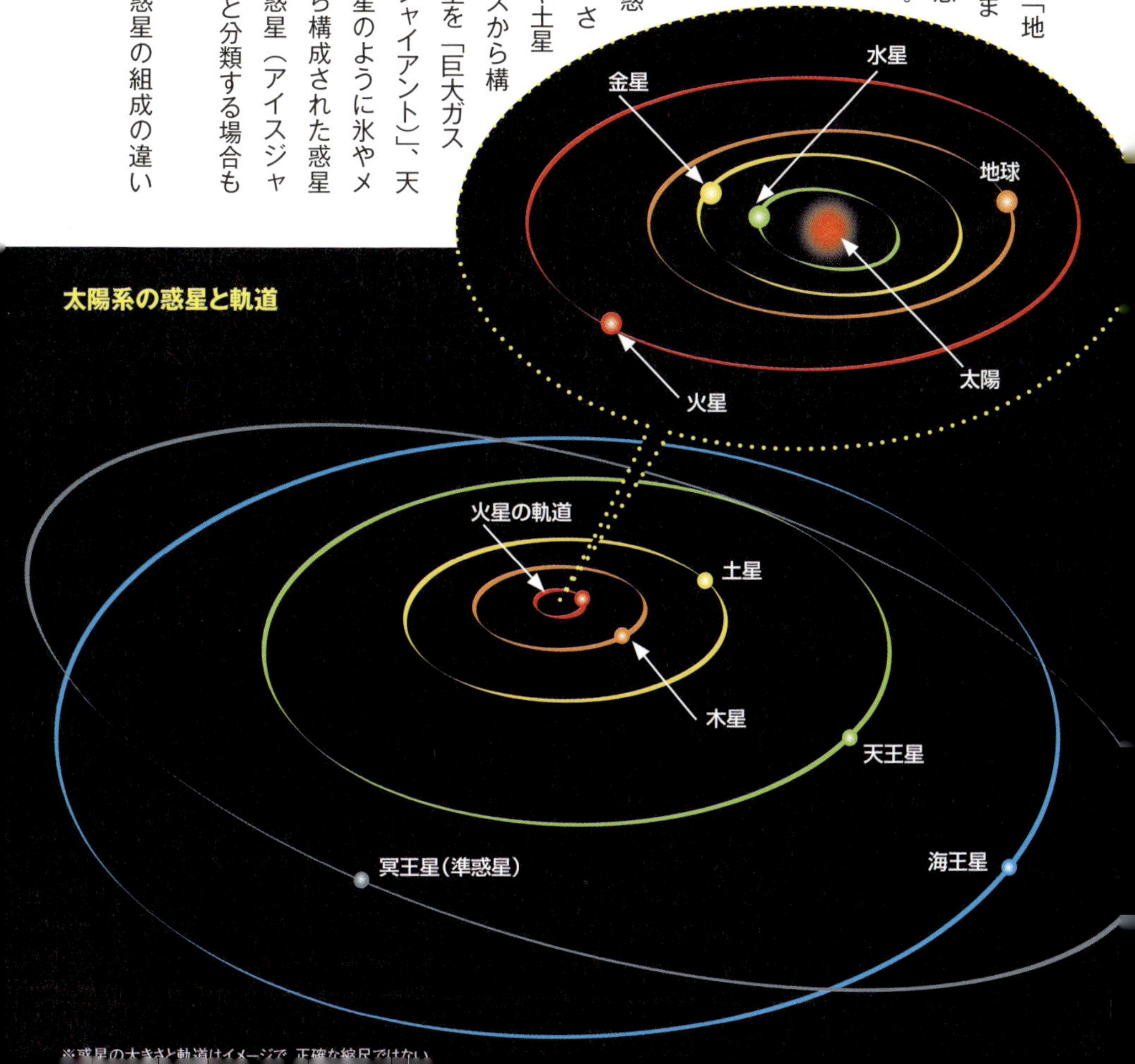

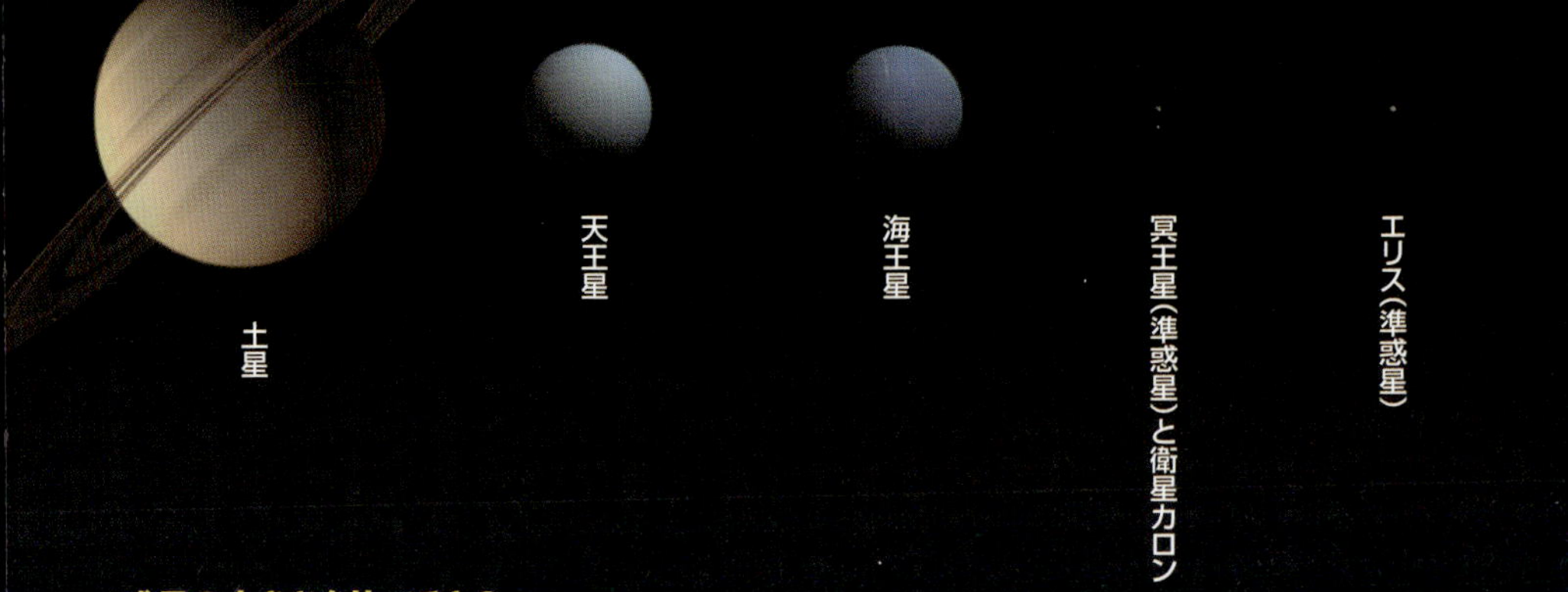

惑星の大きさを比べると?

惑星の大きさは「地球型惑星」(水星、金星、地球、火星)と、「木星型惑星」(木星、土星、天王星、海王星)とで大きく異なる。

惑星の平均表面温度を比べると?

惑星の表面温度は太陽からの位置に影響される。金星より太陽に近い水星のほうが低いのは、水星の表面温度はマイナス180℃〜430℃と寒暖の差が激しいため、平均すると金星の表面温度よりも低くなるからだ。

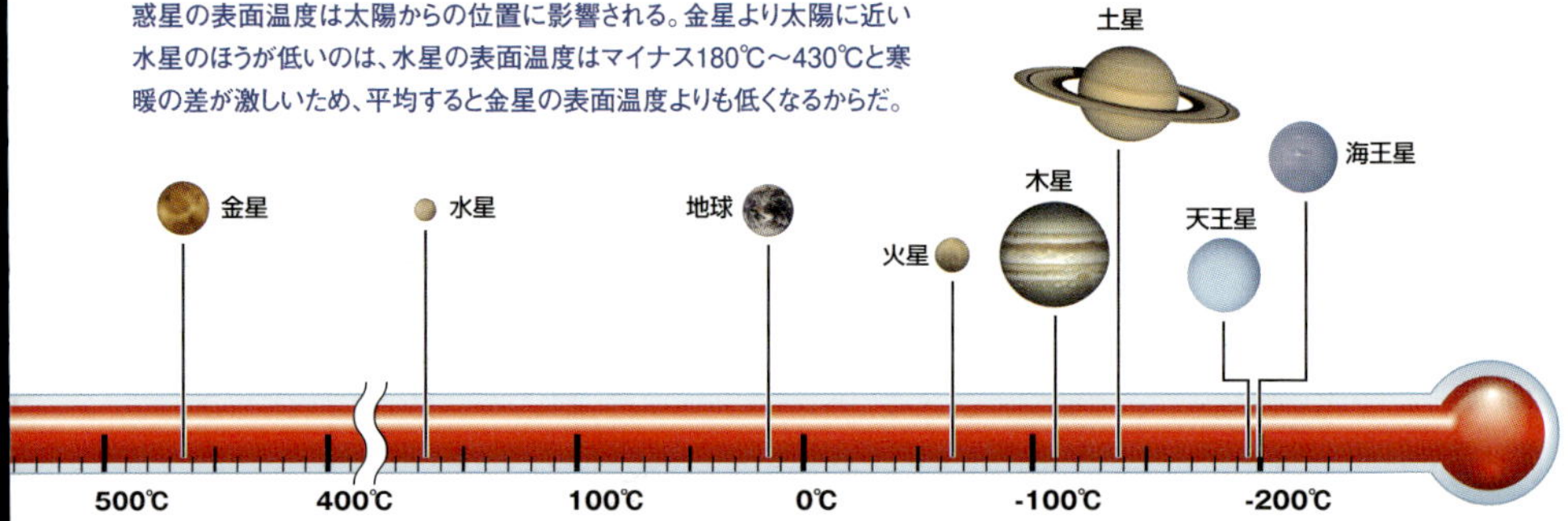

が生まれたのには、太陽からの距離が影響している。太陽系が形成される過程で、比較的太陽に近い場所では、熱に耐えられる金属や岩石が衝突して地球型惑星が作られた。一方、太陽から遠い場所では、岩石や塵に加えて氷も存在したため、質量が大きくなった。さらに宇宙空間に拡散してしまうようなガスも取り込んだことで、巨大な木星型惑星が作られたのだ。

銀河の中のちっぽけな太陽系

太陽から地球までの距離は、天文単位(AU)として天文学上の目安のひとつになっている。1AUはおよそ1・5億キロメートルで、光の速さで進んでも8分以上かかる。太陽系全体で

惑星の分類

タイプ		該当惑星	特徴
地球型惑星（岩石惑星）		水星 金星 地球 火星	金属を主体にした核（コア）のまわりを岩石成分が取り巻き、固い地表を持つ。質量が小さく、密度が大きい。
木星型惑星	巨大ガス惑星	木星 土星	岩石や金属を主体にした固体の核を持ち、まわりを水素やヘリウムなどが取り巻いている。地球型惑星に比べると、質量も密度も小さい。
	巨大氷惑星	天王星 海王星	岩石や金属を主体にした固体の核を持ち、水やメタン、アンモニアなどの氷が取り巻いている。大気成分は木星や土星に似ているが、メタンを含んでいるため、赤い色が吸収されて惑星全体が青く見える。

は数百～数万ＡＵもの大きさがあると考えられている。だが、そんな太陽系も銀河系から見ればほんの小さな存在でしかない。太陽系は、銀河系の「オリオン腕《わん》」と呼ばれる渦状腕の中にあり、銀河系の中心からは２万５０００～２万８０００光年の距離に位置する。私たちは太陽系を特別な存在だと思いがちだが、銀河系に属するおよそ２０００億個の恒星系のひとつで、ごくありふれた存在なのである。

　太陽系が特別だとするなら、それは私たちが知る限り、現時点では宇宙で唯一、生命が存在している点だけだ。だが近年、他の恒星系にも地球型惑星の存在が観測されており、いずれは生命が存在することも特別ではなくなるのかもしれない。

太陽

Sun

太陽系のすべてを司る中心星

太陽系を支える中心的存在

私たちの住む太陽系の中心で光り輝く恒星、太陽。遙か太古より太陽は信仰の対象であり、数々の神話でも中心的な役割を果たしている。

私たち人類をはじめとする生命を育んできた太陽のエネルギーは、太陽の中心核で起きる水素とヘリウムの熱核融合反応によるものだ。太陽の中心核は、直径約20万キロメートル。中心の温度は約1500万~1600万℃に達すると考えられている。中心核で作られたエネルギーは、「放射層」(「輻射《ふくしゃ》層」ともいう)から「対流層」を経て太陽の表面

(図1) **スペクトル分類**

型	表面温度(K)	色
O	29,000~60,000	青
B	10,000~29,000	青~青白
A	7,500~10,000	白
F	6,000~7,500	黄白
G	5,300~6,000	黄
K	3,900~5,300	橙
M	2,500~3,900	赤
L	1,300~2,500	暗赤
T	1,300以下	赤外線

(図2) **星の分類(HR図)**

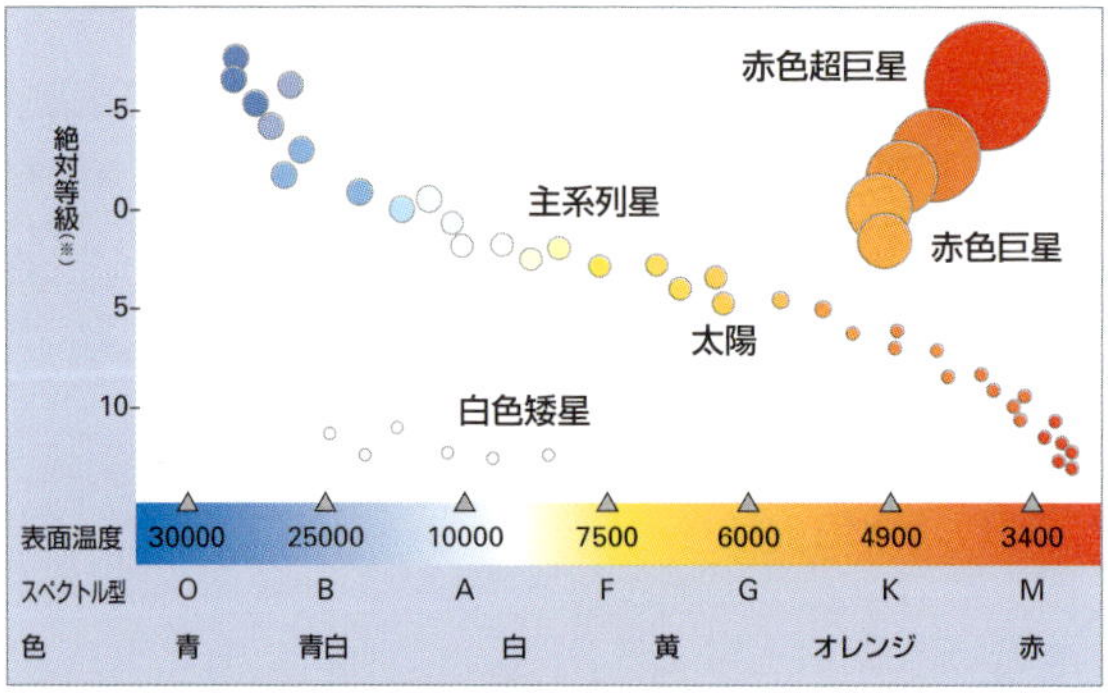

(※)10パーセク(32.6光年)の距離から見た星の明るさ

太陽の表面に現れた「黒点」。表面温度が約6000℃の「光球《こうきゅう》」に対し、黒点部分は表面温度が低いために黒く見える。低いといっても約4000℃もの高温だ。写真手前の黒い点は地球の大きさを示したもので、比較すると黒点の巨大さに驚かされる。

DATA

赤道半径:69万6000Km
体積(地球比):130万4000
質量(地球比):33万2946
密度:1.41g/cm^3
重力(地球比):28.01
平均表面温度:5510℃
赤道傾斜角:7.25度
自転周期:25.38日

※周期の「日」は地球での1太陽日で24時間

である「光球《こうきゅう》」に到達し、光と熱を宇宙空間に放出する。

光球の外側には、「彩層」と呼ばれる太陽大気の層がある。皆既日食の際に現れる、赤い縁取りが彩層だ。そして彩層のさらに外側に「コロナ」が存在する。

太陽はまだまだ若い青年期

恒星の分類法のひとつに、表面温度によるスペクトル分類がある（図1）。それによれば、太陽は「G型」に分類される。また、太陽の推定年齢は約46億年とされ、「主系列」と呼ばれる段階にある（図2）。したがって、太陽は分類上「G型主系列星」と呼ばれる（細かくいえば「GV2型主系列星」となる）。

宇宙の恒星の中で、主系列星

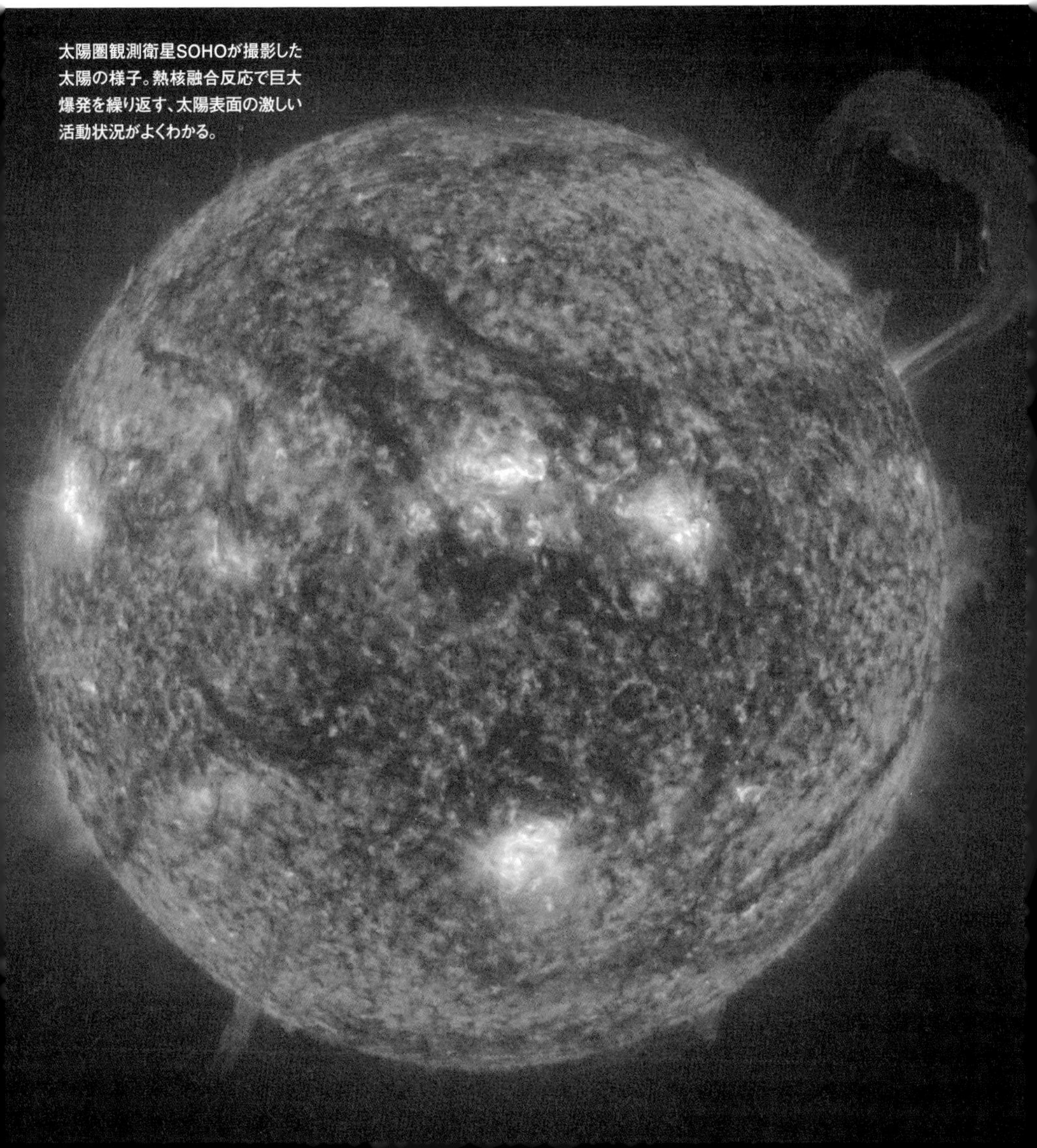

太陽圏観測衛星SOHOが撮影した太陽の様子。熱核融合反応で巨大爆発を繰り返す、太陽表面の激しい活動状況がよくわかる。

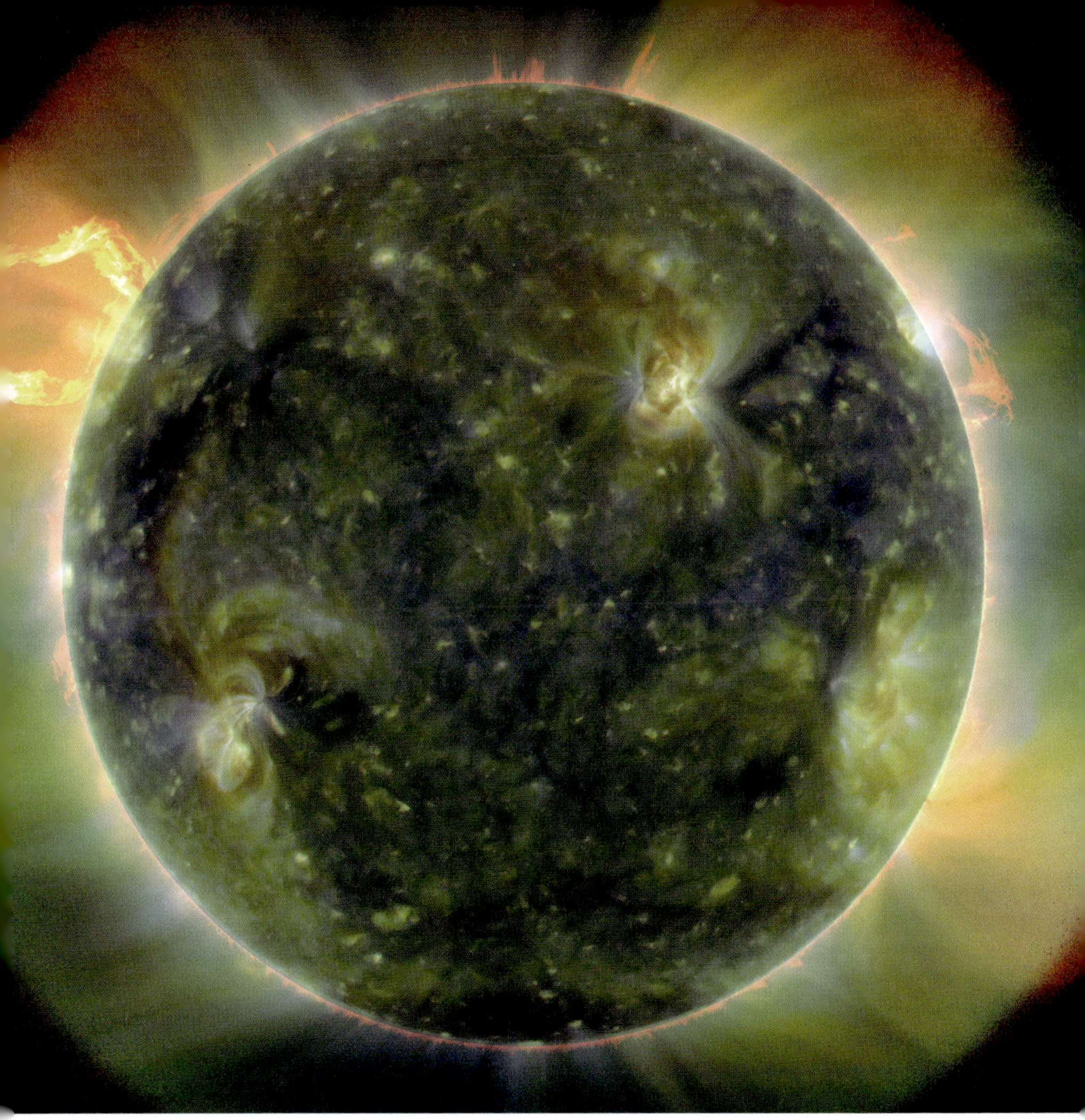

NASAの太陽観測衛星SDOが撮影した画像を加工し、異なる波長を組み合わせたもの。色は温度に対応して擬似的に割り当てており、赤は約6万℃、緑と青は100万℃以上を表す。太陽の左上部分に吹き上がる「プロミネンス（紅炎《こうえん》）」が見えるが、ループ部分の大きさは地球の直径の30倍にもなる。

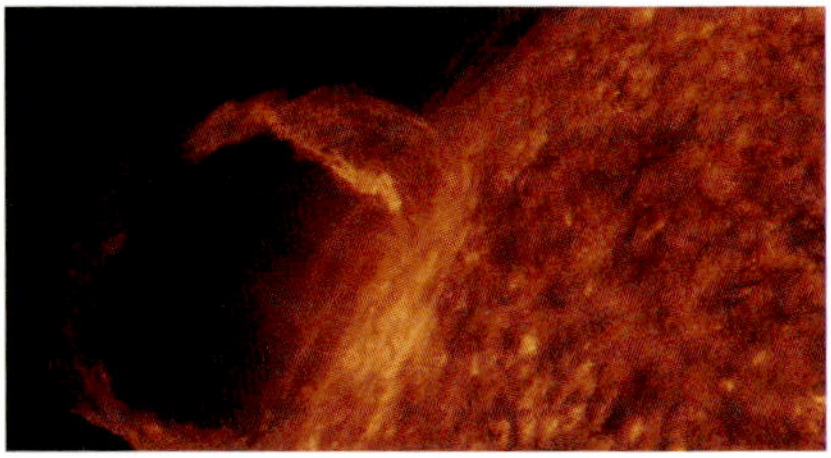

太陽表面から吹き上がるプロミネンス部分のクローズアップ。プロミネンスはしばしば起きる現象だが、この画像のように巨大なプロミネンスが観測されるのはめずらしい。

の占める割合は約80パーセント、そのうちG型主系列星は約6・3パーセントと考えられている。それに比べて、「青色巨星」とも呼ばれる「O型主系列星」の割合は0・00025パーセントしかなく、銀河系全体でも2万個以下と推定されている。

太陽のようなタイプの恒星は、数十億～数百億年の寿命を持つ

2000年2月27日に発生した、まるで電球のような形状の「コロナ質量放出（CME）」の観測画像。このとき、1マイル毎時およそ10億トンの粒子がすさまじい勢いで宇宙空間に放出された。

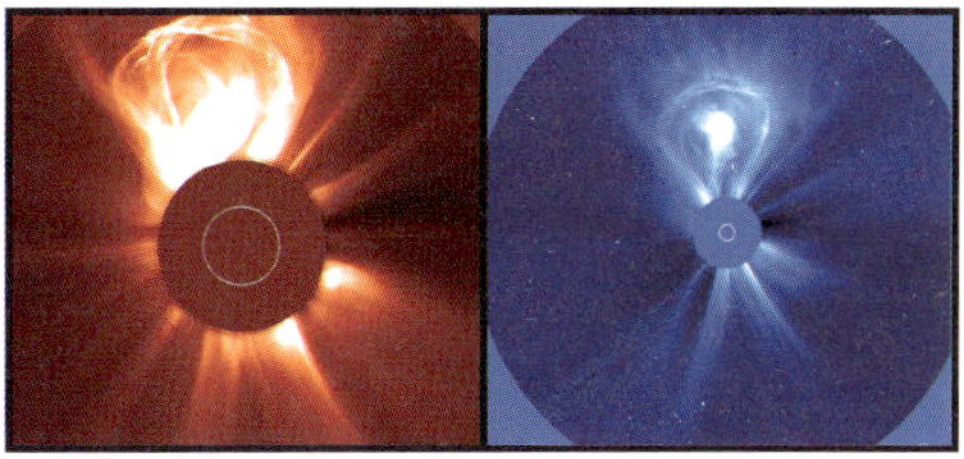

と考えられており、現在の太陽は、人間にたとえると青年から壮年期にあたる。つまり、働き盛りで活発に活動している年齢なのだ。

太陽の観測が人類の命運を握る？

太陽の活動のうち、現在のところ私たちが観測できるのは、太陽の表面における活動だけだ。たとえば、太陽表面で発生と消滅を繰り返す黒いしみのような「黒点」、太陽表面から高エネルギーの粒子が飛び出す「プロミネンス（紅炎《こうえん》）」、爆発的にプラズマが飛び出す「太陽フレア」と、それにともなって発生する「コロナ質量放出（CME）」などがある。

そして、それらは私たちの生活にも大きく影響を及ぼしている。太陽フレアやCMEの発生によって生じたX線やガンマ線、高エネルギー粒子が「太陽風」となって地球に到達すると、地球周辺の空間では地磁気の乱れが発生し、人工衛星の故障や送電システムの障害、無線通信への悪影響が起きるのだ。極地付近で見られるオーロラも、太陽フレアなどによる影響で発生する現象である。

このような太陽活動が地球に与える影響を確認するために、太陽探査や太陽観測は人類にとって必要不可欠なミッションといえる。NASAの太陽観測衛星SDOや、NASAとESAが共同で運用しているSOHO、日本の「ひので」などによる観測が続けられており、さまざまな情報の分析が日々進められているのだ。

激しく噴出する「コロナ」。コロナは太陽の大気だが、通常の気体ではなく、気体が電子とイオンに分離したプラズマ状態のものだ。

「太陽風」の影響を示した想像図。太陽表面から宇宙空間へ流出した物質は太陽風となって地球にも到達し、地球の磁気圏にさまざまな影響を及ぼす。

水星

Mercury

灼熱の昼と極寒の夜の星

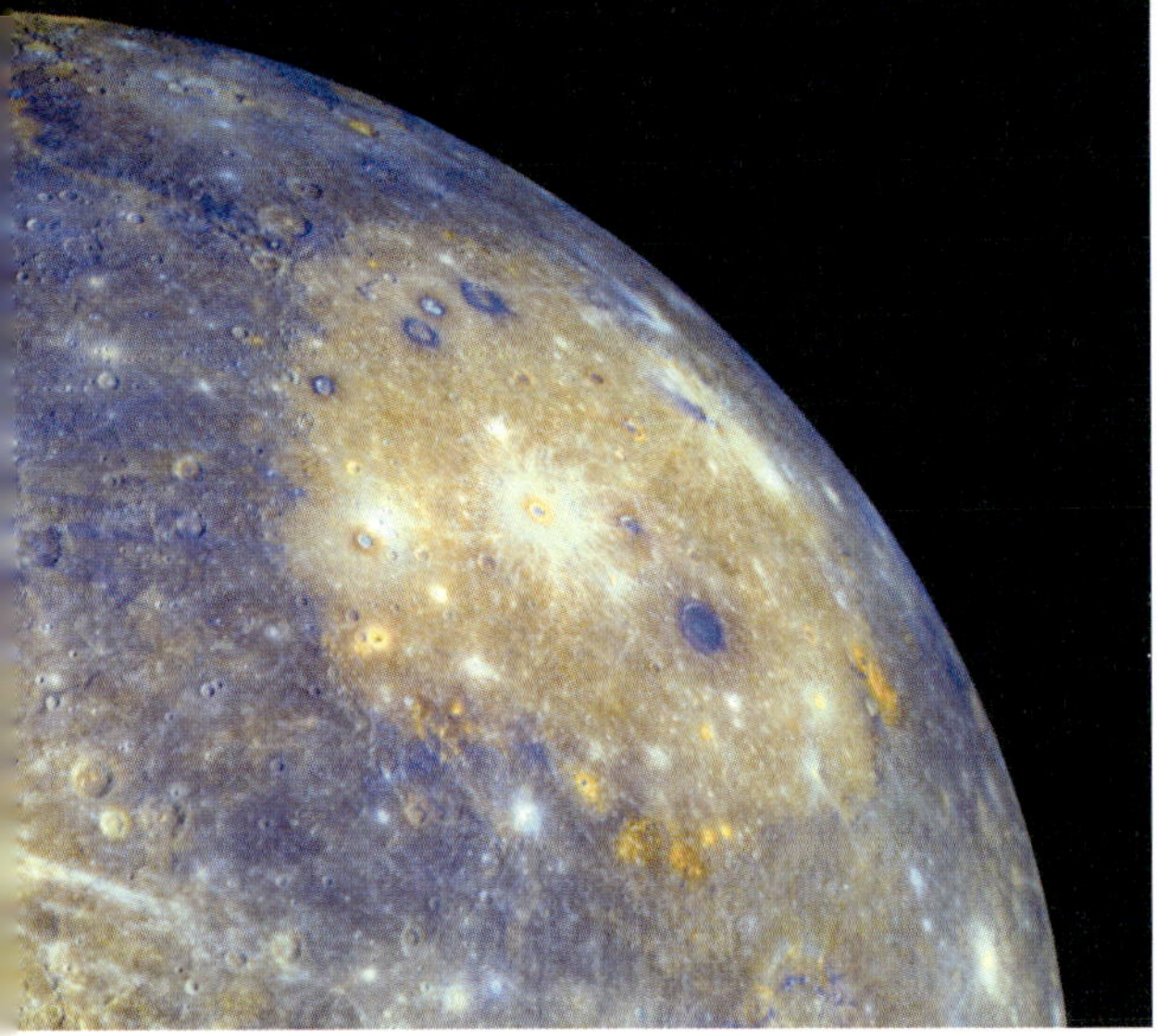

水星最大のクレーター、カロリス盆地。着色処理された写真の中央に広がる黄色い部分が盆地で、その巨大さがよくわかる。盆地周辺に見えるオレンジの部分は、火山の噴火口の跡と推測されている。

水星に到達した水星探査機「メッセンジャー」(想像図)。主な探査目的は、磁場や地形、水星を構成する物質、大気成分の観測・調査で、探査範囲は水星の表面全域に及ぶ。

DATA

太陽からの平均距離：5791万Km
赤道半径：2440Km
体積（地球比）：0.056
質量（地球比）：0.055
密度：5.43g/cm^3
重力（地球比）：0.38
平均表面温度：167℃
赤道傾斜角：0.01度
公転周期：87.97日
自転周期：58.65日
衛星：なし

特異な性質を持つ不思議な惑星

水星は太陽系でもっとも内側を回る惑星だ。地球から見ると、常に太陽のそばに位置するため、日没直後か日の出直前にしか見ることができず、観測の難しい惑星だった。

観測技術が発達し、レーダーによる観測が開始された1965年になるまで、水星は月と同様に公転周期と自転周期が同期しており、太陽に同じ面を向けていると考えられてきた。しかし、実際には87・97日の公転周期に対し、自転周期は58・65日、正確に3対2の比率になっており、水星は太陽のまわりを2回公転する間に3回自転する計算になる。つまり水星の1日は、地球の日数で水星の2年にあたる176日となるわけだ。

水星の比重は、太陽系の惑星の中で地球に次いで2番目に大きい。一方、大きさは地球の5分の2程度しかない。こうした特徴は、水星の核（コア）が重い金属（ニッケルと鉄の合金）で構成され、しかも大きいためと推定されている。太陽系の惑星中、このような特徴を持つのは水星だけであることから、水星の誕生は他の惑星と状況が異なっているのではないかと考えられる。

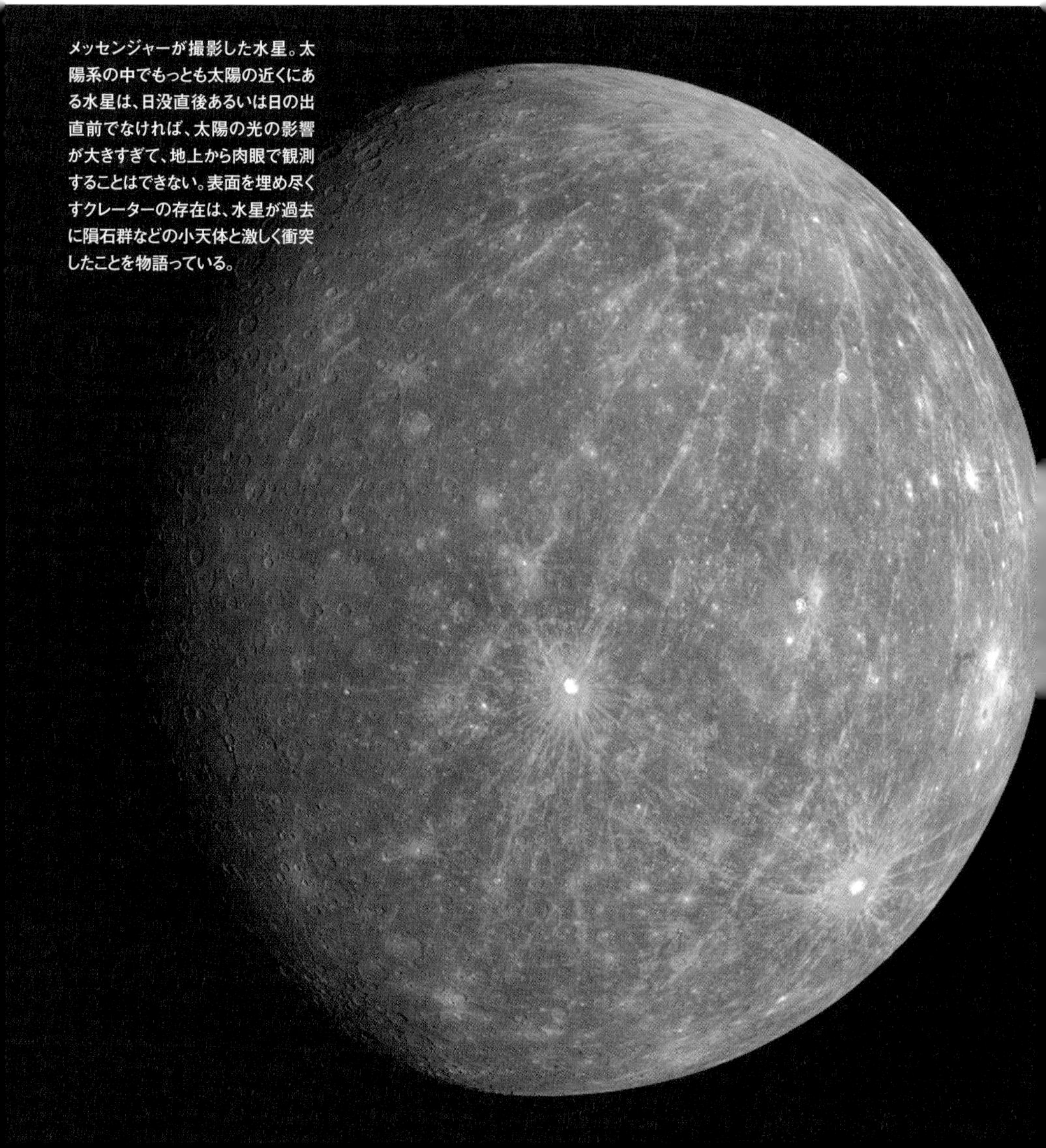

メッセンジャーが撮影した水星。太陽系の中でもっとも太陽の近くにある水星は、日没直後あるいは日の出直前でなければ、太陽の光の影響が大きすぎて、地上から肉眼で観測することはできない。表面を埋め尽くすクレーターの存在は、水星が過去に隕石群などの小天体と激しく衝突したことを物語っている。

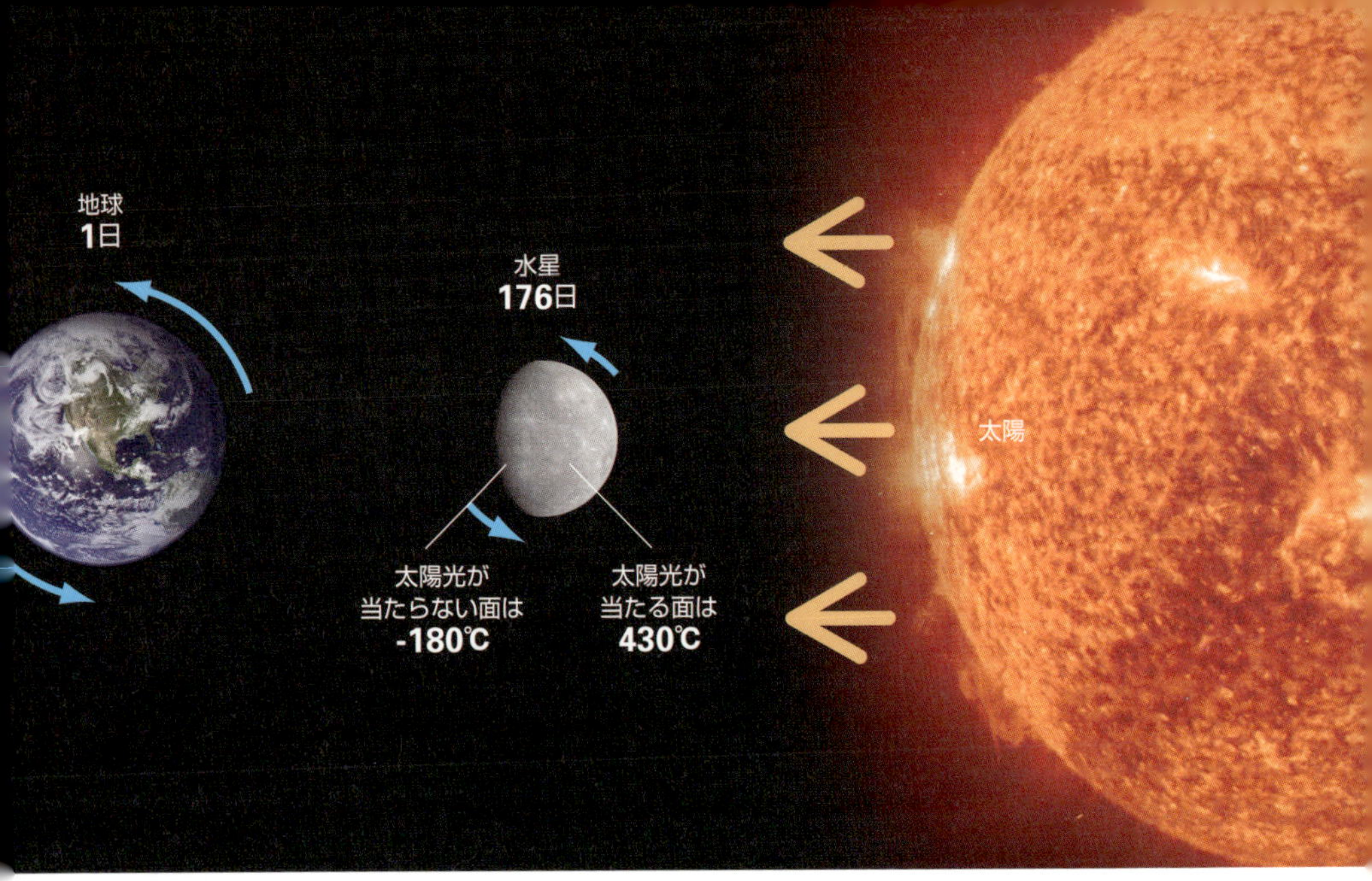

水星の自転と表面温度の関係

水星の表面温度は、マイナス180℃～430℃という極端な温度差があるが、これは水星の自転周期が長いことが影響している。太陽から地球の6倍以上のエネルギーが降り注ぐ昼の時間と、反対に太陽光が当たらない夜の時間がともに88日間続くため、灼熱と極寒を繰り返す激烈な環境になっているのだ。

過去に水星を襲った数々の小天体

1974年にNASAの水星探査機「マリナー10」が水星に到達し、水星表面の写真撮影に成功。そこには大小さまざまなクレーターが写し出されていた。

水星で最大のクレーターは、直径が1500キロメートルを超えるカロリス盆地。水星半径の2分の1にもなる巨大クレーターだ。この盆地の裏側にあたる部分の地形は、何かによって爆砕されたような複雑な形になっている。これはカロリス盆地を作った小天体の衝突による衝撃波が、水星の裏側まで到達した証拠と考えられている。

水星探査計画「ベピ・コロンボ」では、ふたつの周回探査機の使用が予定されている。探査機は水星までは1体となって進み、到達後はJAXA担当の水星磁気圏探査機（MMO）とESA担当の水星表面探査機（MPO）に分離、それぞれが独立して観測を行う。イラストはMPOの想像図。

太陽にもっとも近い水星に氷がある?

1992年に行われたレーダーによる観測において、水星の北極部分に氷が発見された。水星にはほとんど大気がなく、重力も地球の3分の1程度と小さいため、氷が太陽の熱によって水蒸気に変化すれば、そのまま宇宙空間に逃げ出してしまうだろう。したがって、観測された氷は太陽の光が当たらないクレーターの影にあるのではないかと推測されている。

動き出した新たな水星探査計画

2011年3月18日、NASAは水星探査機「メッセンジャー」の水星周回軌道への投入に成功した。マリナー10から実に30年ぶりのことだ。

以来、メッセンジャーは水星表面の詳細な観測を開始し、高解像度の画像を地球に送信しつづけている。また、当初1年の予定だった観測ミッションも延長が決まった。今後、メッセンジャーの観測データによって、水星にある氷の謎が解明されるかもしれない。

一方、JAXAもESAと共同で、水星探査計画「ベピ・コロンボ」を進めている。計画では2014年に打ち上げ、水星磁気圏探査機と水星表面探査機によって水星の観測を行う予定だ。

「メッセンジャー」が捉えた水星のさまざまな姿

水星の南極付近の様子。太陽光が当たらない極地のクレーター内に氷があると推測されている。

巨大な二重クレーター。内部に水銀が存在することが確認されている。

北斎クレーターの内部。隕石の衝突後に冷えて固まった滑らかな地表の様子が見てとれる。

金星

Venus

高温・高圧の過酷な世界

金星の地表の様子（想像図）。二酸化硫黄の雲の下では激しい雷が発生し、硫酸の雨が降る過酷な環境だ。

美しい明星は過酷な環境だった

明け方や夕暮れの空にひときわ輝き、「明けの明星」「宵の明星」と呼ばれる金星は、地球軌道の内側を回る惑星だ。直径が地球の95パーセント、質量が80パーセントと非常によく似ているため、「地球の双子星」や「姉妹星」などといわれており、観測技術が発達していないころには、金星にも地球と似たような環境があるのではないかと思われていた。

現在では、金星の環境は地球と大きく異なっていることがわかっている。金星の大気は主に二酸化炭素からなり、二酸化炭素の温室効果によって地表の平均温度は４００℃、最高で４７０～５００℃にもなる。

大気上層部では時速３５０キロメートル、地表でも時速数キロメートルの風が吹き荒れる。金星を覆う分厚い雲は二酸化硫黄からなり、硫酸

DATA

太陽からの平均距離：1億820万Km
赤道半径：6052Km
体積（地球比）：0.857
質量（地球比）：0.815
密度：5.24g/cm^3
重力（地球比）：0.91
平均表面温度：464℃
赤道傾斜角：177.36度
公転周期：224.7日
自転周期：243.02日
衛星：なし

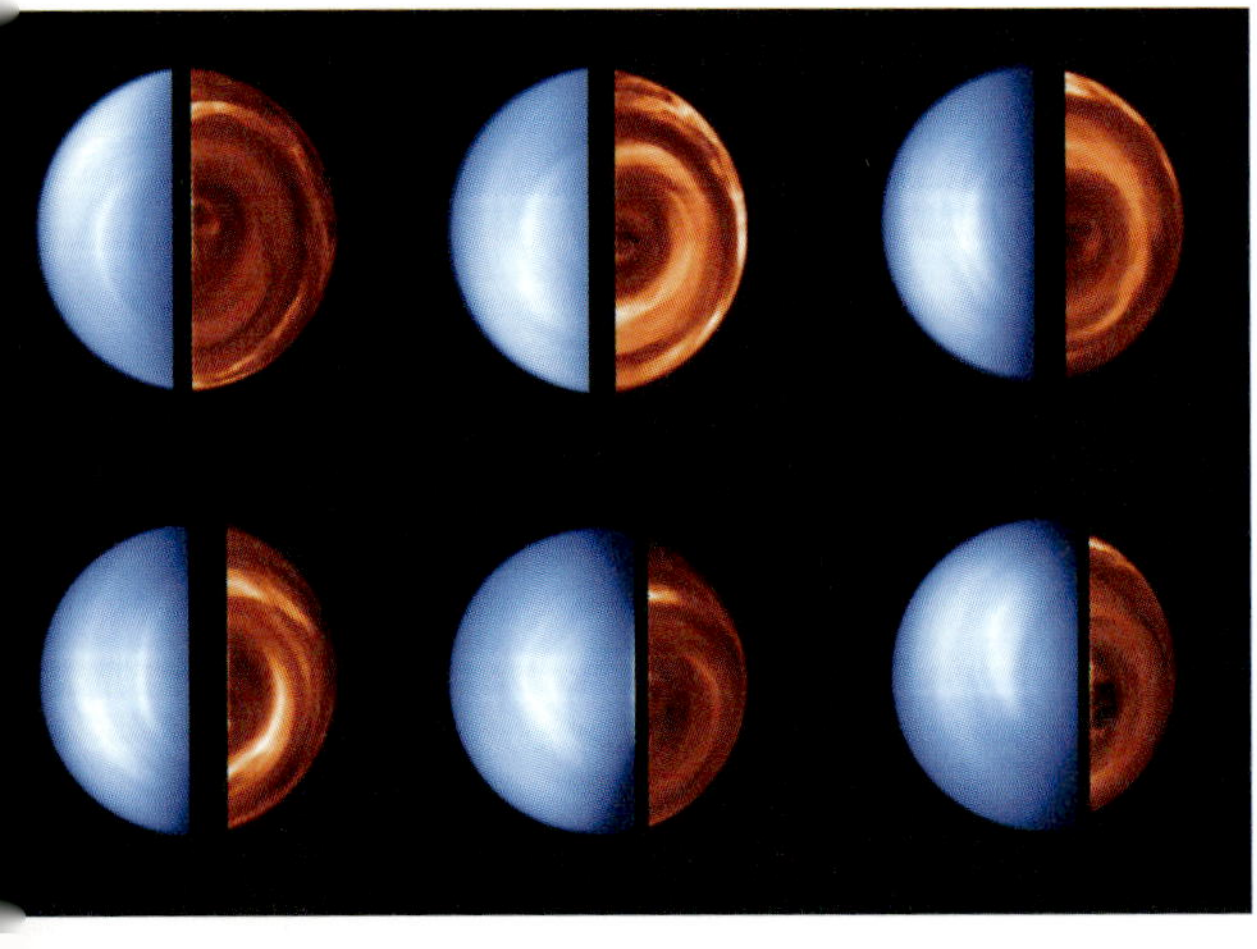

2006年4月にESAの金星探査機「ヴィーナス・エクスプレス」が撮影した金星の昼と夜の様子。6日間にわたって撮影されたもので、左側の青い部分が昼を、右側の赤い部分が夜を表している。金星の自転スピードは非常に遅い。

の雨が降るが、雨は地表までは届かず、海はない。もし過去に海が存在していたとしても、蒸発して宇宙へと拡散してしまっただろう。地球の双子星は、地球とはまったく似ても似つかない過酷な環境だったのだ。

金星は未来の地球の姿なのか？

実は地球と金星の環境は、誕生直後にはそれほど違いはなかった。現在のような違いが生じた原因には諸説あるが、海の存在が大きな鍵だと考えられる。

たとえば、最初はどちらも濃厚な二酸化炭素の大気を持っていたが、地球では海が作られたため、二酸化炭素が海に溶け込んで大気から除去されたという説や、金星にも海が存在したが、

「地球の双子星」とも呼ばれる金星。地上から肉眼でも見えるため古くから知られており、江戸時代後期の国学者、平田篤胤《ひらたあつたね》によれば、日本書紀に登場する神「天津甕星」（アマツミカボシ）は金星を神格化したものだという。写真はNASAの探査機「パイオニア・ヴィーナス」が撮影した金星。厚い雲に覆われており、地表の様子を見ることはできない。

NASAの金星探査機「マゼラン」が撮影した、金星のX線写真の合成画像。高低差を明確にするため、色づけ処理されている。厚い雲のベールの下には、火山の噴火でできた荒々しい地形が横たわっていたのだ。

太陽に近いために蒸発してしまったという説がある。

　また、赤道傾斜角（地軸の傾き）が関係しているとの見方もある。金星の赤道傾斜角は約178度で、ほとんど逆立ちをしているような状態だ。そのため、自転の向きも他の惑星とは逆方向に回っている。これは巨大な隕石、あるいは準惑星の衝突による影響で、そのときに海も蒸

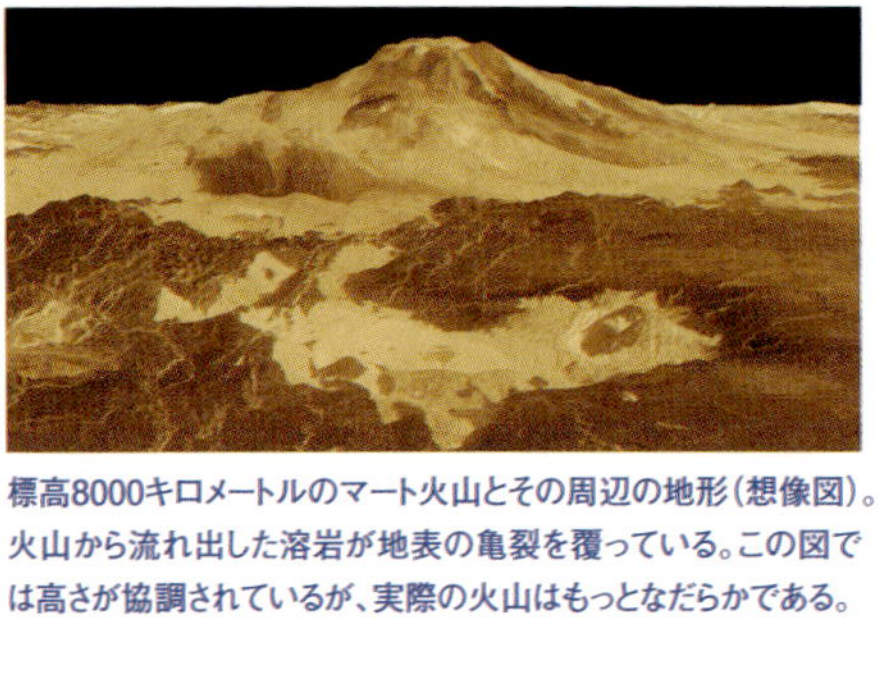

標高8000キロメートルのマート火山とその周辺の地形（想像図）。火山から流れ出した溶岩が地表の亀裂を覆っている。この図では高さが協調されているが、実際の火山はもっとなだらかである。

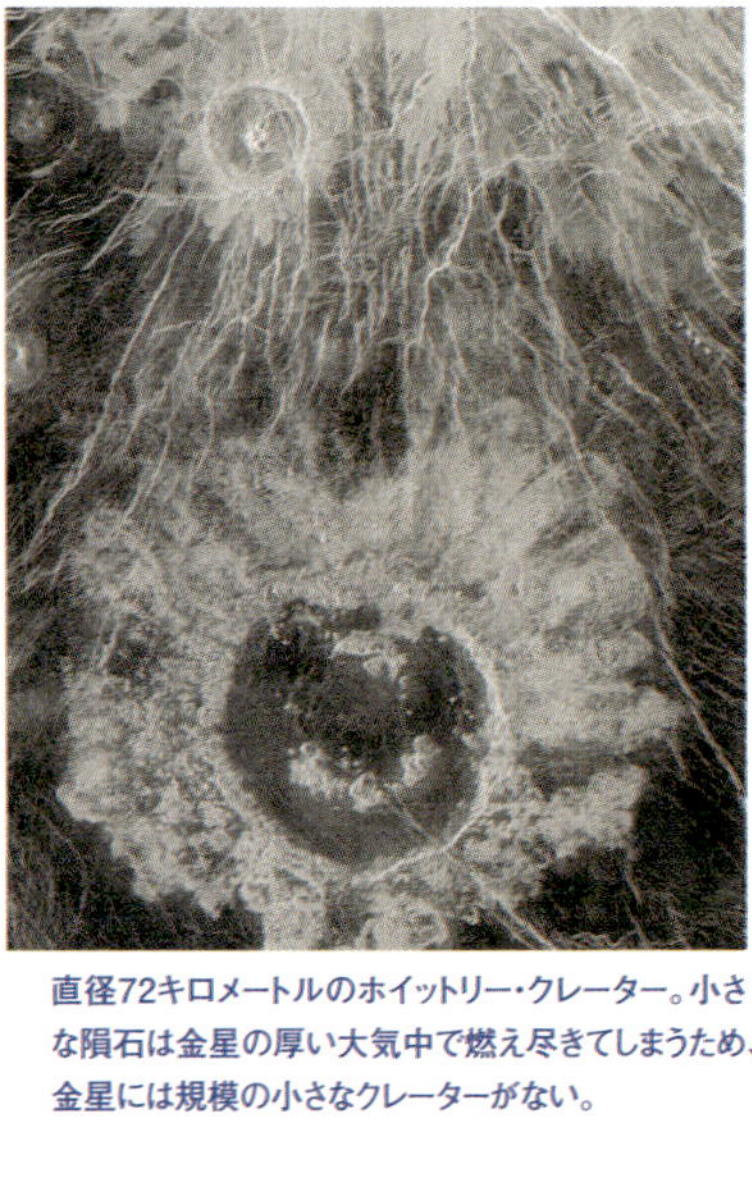

直径72キロメートルのホイットリー・クレーター。小さな隕石は金星の厚い大気中で燃え尽きてしまうため、金星には規模の小さなクレーターがない。

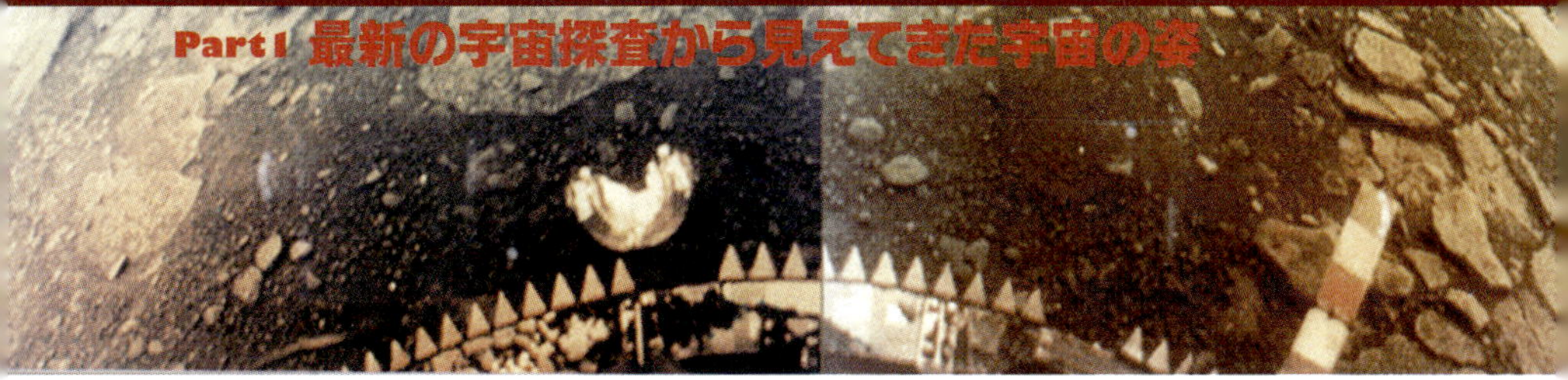

「ベネラ13号」が撮影した金星の地表の様子。手前に見える金属は探査機の基部。

太陽風にさらされる金星の様子（想像図）。地球と違って金星には磁場がないため、強烈な太陽風の影響を受けている。

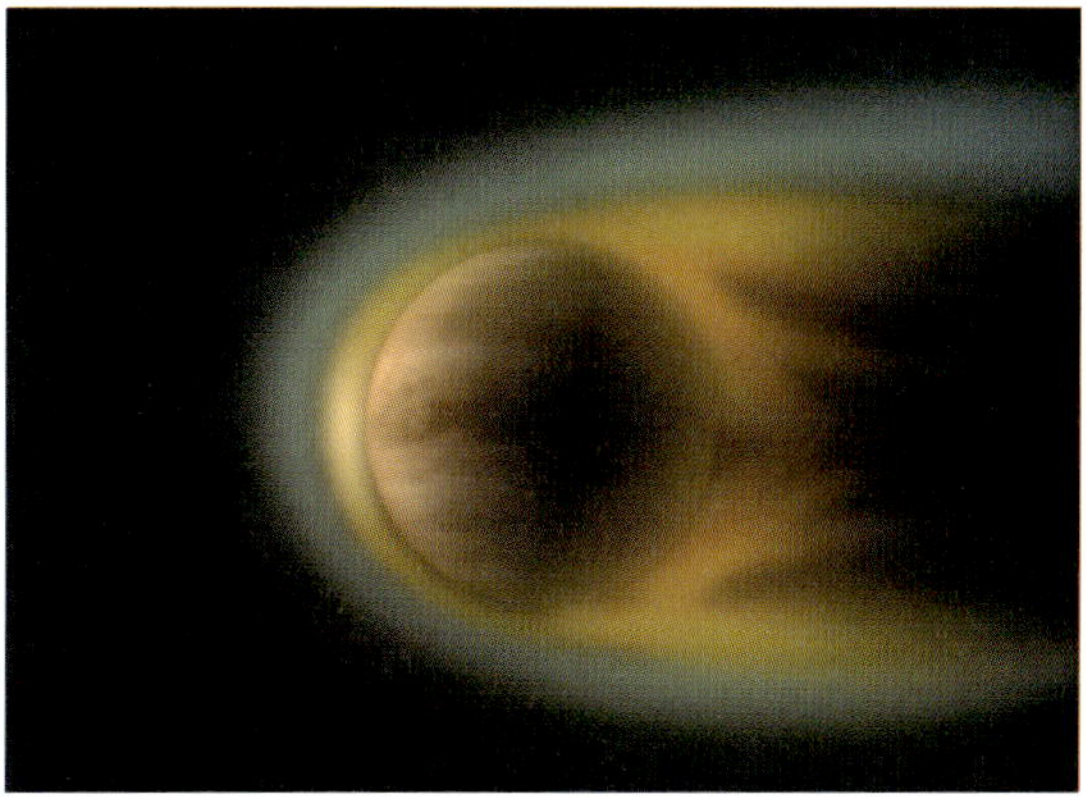

発してしまったのではないか、というのだ。

金星の過去については、今後の探査で明らかになることが期待されるが、もしも地球が金星と同じように温室効果が進んでいけば、将来、地球の環境は現在の金星のような厳しいものになってしまうかもしれない。

金星の謎に挑む探査機たち

金星は、さまざまな神話の中で神として扱われるなど、古くから人類にとって関心を引く存在だった。そのため、これまでにも多くの探査機が打ち上げられ、金星を目指している。たとえば、旧ソ連の「ベネラ計画」や「ベガ計画」、NASAの「マリナー計画」「パイオニア・ヴィーナス計画」「マゼラン」「メッセンジャー」などが挙げられる。

最近では、2005年11月にESAが金星探査機「ヴィーナス・エクスプレス」を打ち上げ、2006年に金星周回軌道に投入された。日本でも2010年、JAXAが金星の気象観測を目的とした探査機「あかつき」を打ち上げたが、金星の周回軌道への投入に失敗。2016年の再投入を検討中だ。

今後も日本やヨーロッパ、ロシアの金星探査ミッションが計画されている。これらの探査によって、美しい女神《ヴィーナス》、金星の謎が解明されることを期待しよう。

2006年に金星の周回軌道に乗ったヴィーナス・エクスプレス（想像図）。2014年まで探査を行う予定だ。

太陽系の「ハビタブルゾーン」

生命誕生の可能性がある「ハビタブルゾーン（生命居住可能領域）」。太陽系において、この領域に位置するのは地球だけだ。

地球

Earth

豊かな生態系を持つ奇跡の星

地球の表面の7割を占める海。この大量の水が液体として存在できる環境だったからこそ、地球に生命が誕生することができたのだ。

太陽からの距離が生命誕生の鍵

私たち人類を生み出し、多くの生命を育んできた青い惑星、太陽系第3番惑星、地球。太陽系とともに生まれた地球は、誕生から約46億年が経過している。原始的な海で生命が生まれたのは、誕生から7億年経過した39億年前ごろと考えられている。

生命が誕生する可能性の目安として、「ハビタブルゾーン（生命居住可能領域）」という考え方がある。ハビタブルゾーンは、太陽の輝きの強さ（光度）によって決まる。光度が少なければハビタブルゾーンは太陽に近くなり、逆に光度が大きければ太陽から遠くなるのだ。ハビタブルゾーンにある惑星には生命誕生の可能性が高く、太陽系の場合、このハビタブルゾーンの範囲に入っているのは地球だけだ。

天然のバリアに守られた生命の惑星

もちろん、地球がハビタブルゾーンにあるだけで、生命が誕

DATA

太陽からの平均距離：1億4960万Km
赤道半径：6378Km
体積（地球比）：1
質量（地球比）：1
密度：5.52g/cm^3
重力（地球比）：1
平均表面温度：15℃
赤道傾斜角：23.44度
公転周期：365.256日
自転周期：0.997日
衛星：1

生したわけではないだろう。もうひとつの大きな要因として考えられるのが、磁気圏の存在だ。磁気圏とは、地球の磁気が影響を及ぼす範囲のことで、地球は地球半径の10倍程度の磁気圏を持っている。この磁気圏が、太陽からのプラズマ流や宇宙に飛び交う有害な放射線などから地表を守ってくれている。もしも磁気圏が小さければ、地球に生命は生まれていなかったかもしれない。現に磁気圏の小さい金星では海を作ることができず、生命の兆候も認められない。

このように「どうして生命が生まれたのか」を考えていくと、地球に生命が誕生したことが奇跡のように思えるだろう。いや、地球の存在そのものが奇跡なのかもしれない。

現在のところ、太陽系で唯一、生命の存在が確認されている惑星、地球。誕生初期はマグマの海に覆われていたが、太陽からの絶妙な距離によって大気と水が生成され、複雑な環境と豊かな生態系を持つ星へと変化した。

夜空を幻想的に彩るオーロラ。地球を取り巻く磁気圏にプラズマ粒子が飛び込み、大気と衝突して起きる発光現象だ。

日本の地球観測と将来への期待

他の惑星や恒星・銀河といった遠い宇宙のことだけでなく、一番身近な惑星である地球について知ることは、私たちの生活に直結した重要な事柄だ。その手段のひとつとして地球観測衛星がある。1972年に打ち上げられたNASAの「ランドサット」以来、世界各国から地球観測衛星が数多く打ち上げられている。

この地球観測において、日本も世界的な貢献を果たしている。たとえば、1987年に海洋観測技術衛星「もも1号」、19

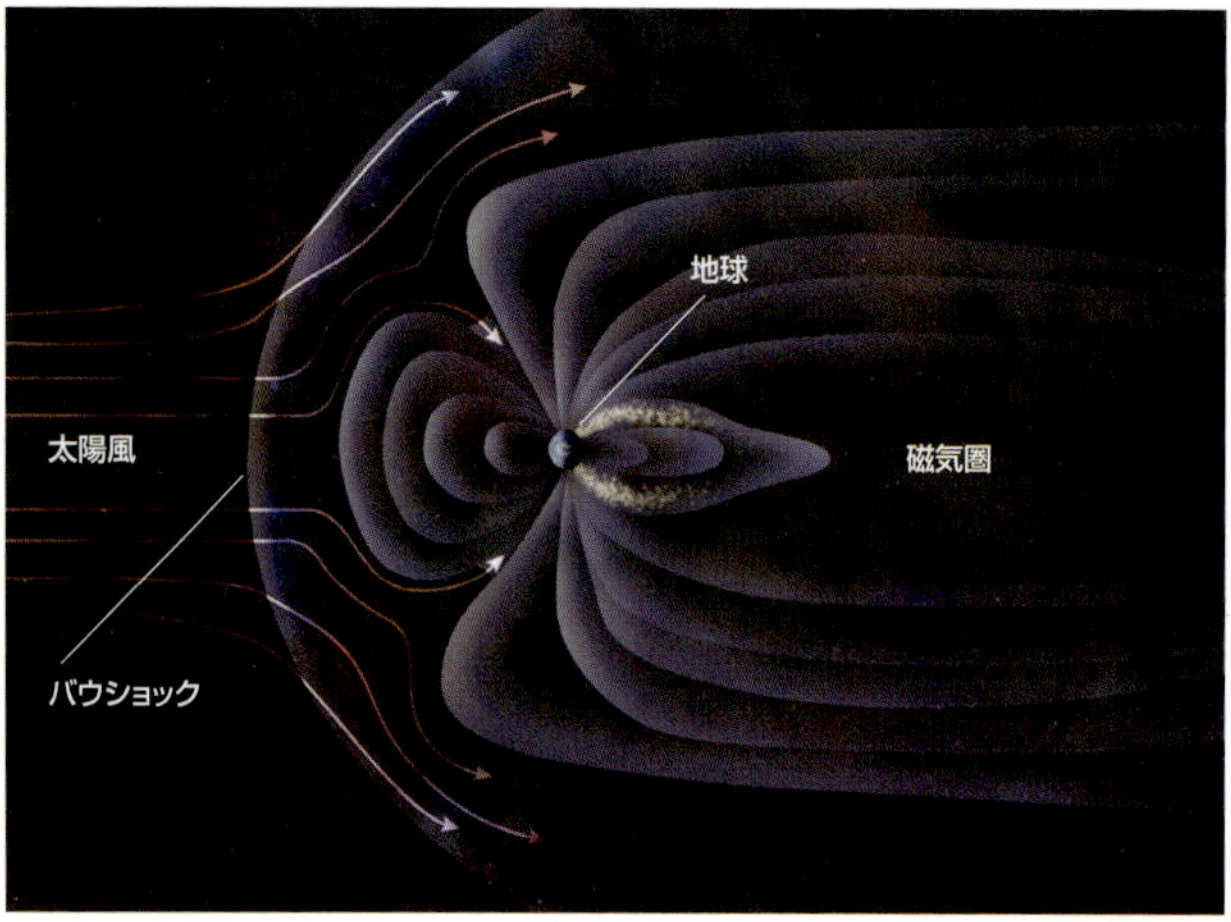

地球の磁気圏は、太陽風によって太陽側はつぶされ、反対側に大きく尻尾が伸びている形状になる。もしも磁気圏が消えてしまったら、人類の文明は瞬く間に崩壊してしまうだろう。

90年に「もも1号b」を打ち上げているほか、日米欧が共同開発し、1996年に打ち上げた地球観測プラットフォーム技術衛星「みどり（ADEOS）」では、南極上空のオゾンホールをはじめ、さまざまな地球環境データを集めている。また、「みどり」や地球資源衛星「ふよう」で培われた技術を活用した陸域観測技術衛星「だいち」は、陸地の地図作成や災害状況把握、資源調査のための重要なデータを観測した。

そして現在は、二酸化炭素の濃度分布を高精度で測定する温室効果ガス観測技術衛星「いぶき」、さまざまな気象現象を観測する地球観測衛星「アクア（Aqua）」、磁気圏の研究のためオーロラを観測するオーロラ観測衛星「あけぼの」、日米が協力して開発した磁気圏尾部観測衛星「ジオテイル（GEOTAIL）」などが運用されている。

地球を宇宙から観測し、詳細なデータを分析することによって、将来的には気象の変動や温暖化、さらには洪水などの災害から人々を守ることができるようになるかもしれない。

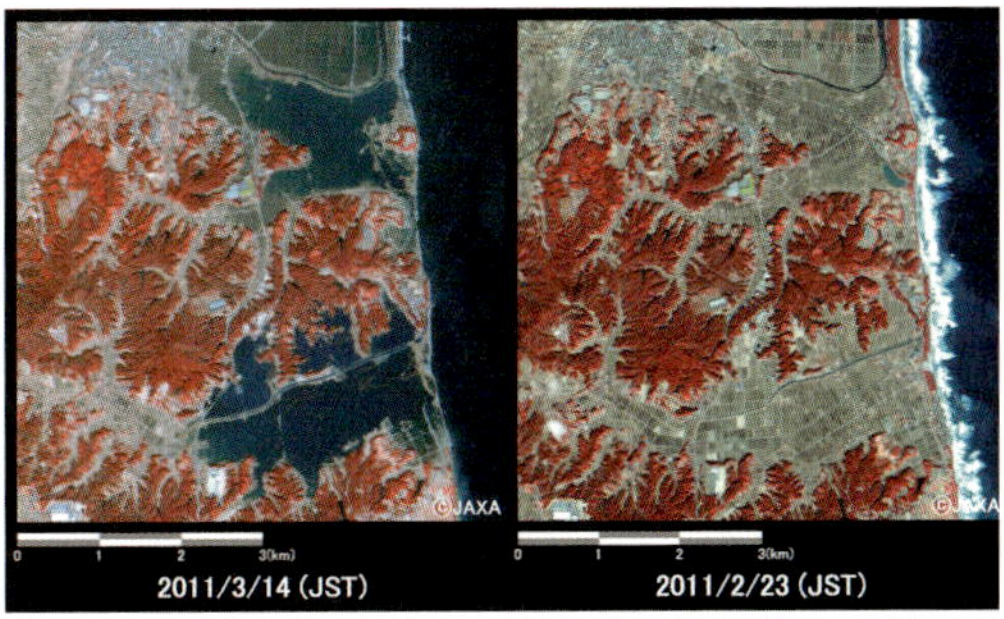

JAXAの陸域観測技術衛星「だいち」が捉えた、福島県南相馬市付近の様子。東日本大震災で津波被害を受ける前後の様子がわかる。2006年に打ち上げられただいちは、3年の設計寿命を越えて運用され、その観測データは災害時の対応にも大いに役立てられた。

南極上空のオゾンホールの様子。紫外線を遮る役目を果たすオゾン層が、温室効果ガスによって破壊されて生じるオゾンホールは、地球環境問題の最重要課題のひとつだ。

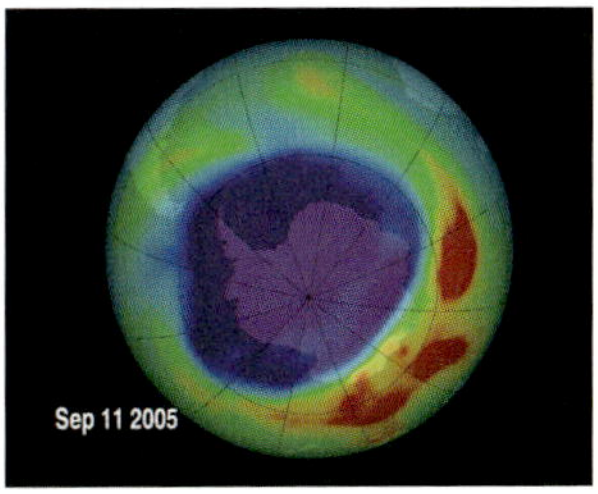

国際宇宙ステーション（ISS）から撮影した巨大なハリケーン。これだけの規模のハリケーンなら、地上に及ぼす被害は相当なものだ。地球を取り巻くこうした現象をつぶさに観測し、データを収集・分析することが、人類の未来のためには不可欠なのだ。

月

Moon

地球にもっとも近い天体

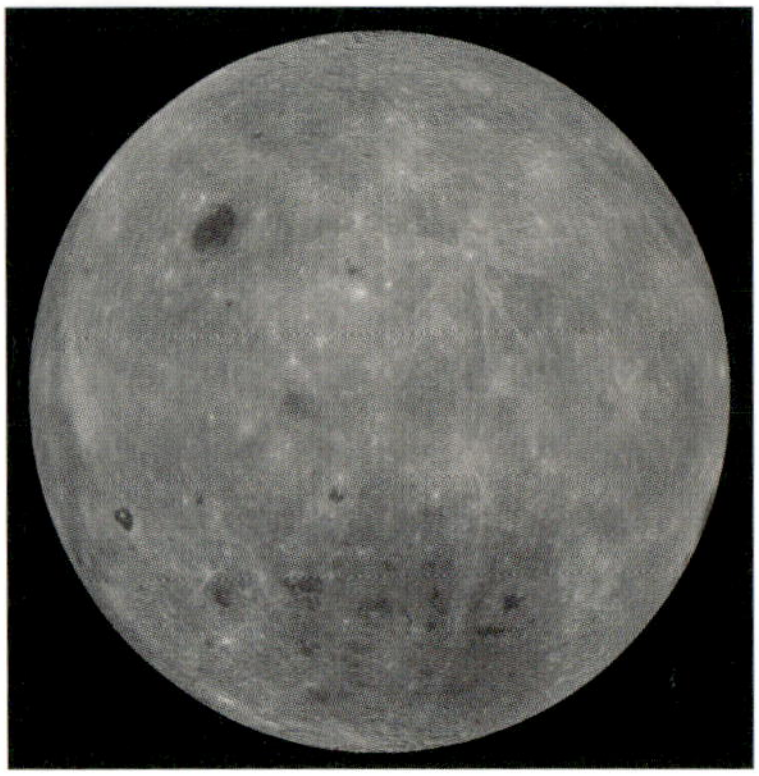

NASAの月探査機「クレメンタイン」が捉えた月の裏側の様子。月は地球に対して常に同じ面（表側）を向けているため、地球上からは見ることができない。裏側には表側に見られる「海」（黒く見える部分）がほとんどなく、「高地」と呼ばれる険しい地形が多いのが特徴だ。

DATA	
赤道半径	1738Km
体積（地球比）	0.0203
質量（地球比）	0.0123
密度	3.34g/cm³
重力（地球比）	0.17
平均表面温度	-23.15℃
赤道傾斜角	6.67 度
公転周期	27.322 日
自転周期	27.322 日

月はどのように誕生した？

　地球の衛星である月は、公転周期と自転周期がほぼ同じため、常に同じ面を地球に向けている。太陽との位置関係によって、満月から半月、三日月、新月と変化するため、人類にとっては神秘の体現にほかならず、古くから太陽と並んで信仰の対象になるほど、生活に密着した存在といえる。

　月の起源については、代表的な4つの仮説がある。①地球の自転により、地球の一部が飛び出して月になったとする「分裂説」（親子説・出産説）、②別の場所で生まれた天体が、たまたま地球の引力に捕らえられて衛星になったとする「捕獲説」（他人説・配偶者説）、③地球と同時に誕生したとする「共成長説」（兄弟説・双子集積説）、そして④「ジャイアント・インパクト説」だ。

　この仮説によれば、地球が誕生してまだ間もないころに、現在の火星とほぼ同じ大きさの原始惑星が地球に衝突、原始惑星が砕け散ると同時に、地球のマントル物質も一部宇宙へ放出さ

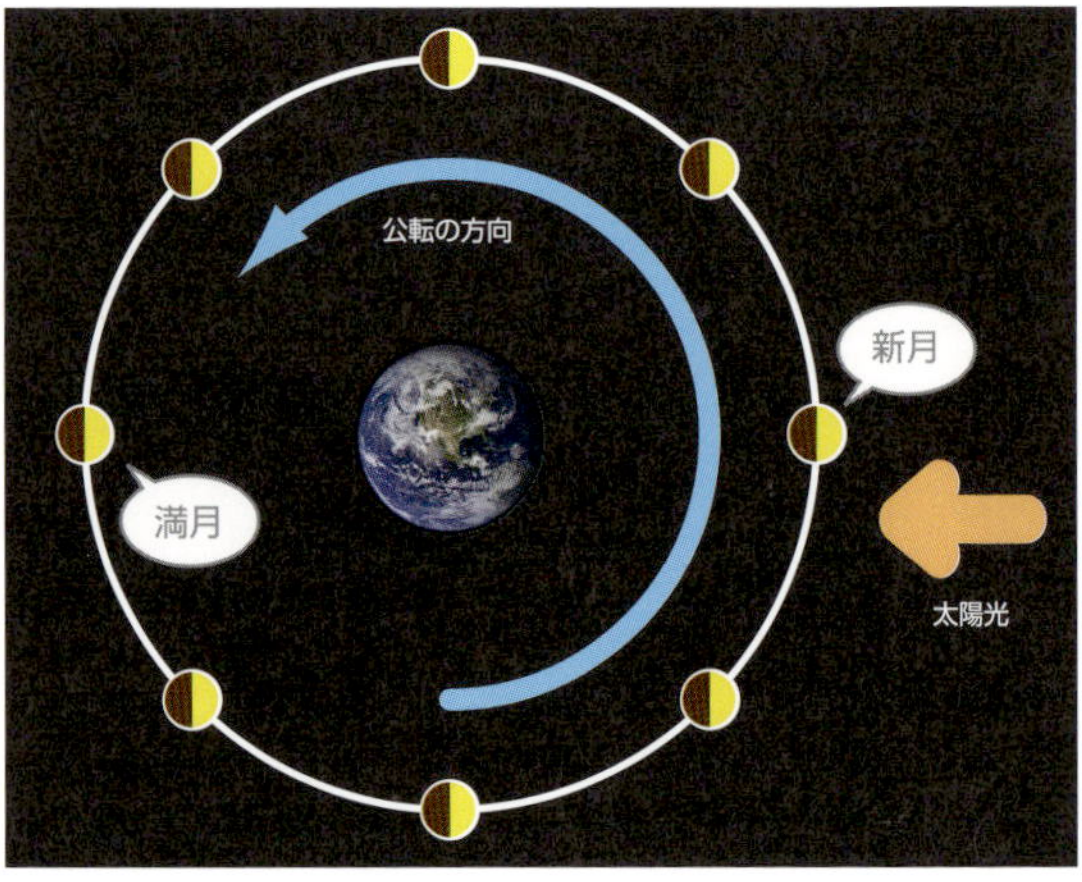

月が満ち欠けする理由

太陽光は常に月に当たっているが、光が反射している面が、地球から見た月の位置によって変わるため、月が満ち欠けして見えるのだ。

れた。多くの破片が地球の周回軌道に乗り、やがて破片同士がぶつかり合い、天体として成長して月ができたという。

ジャイアント・インパクト説であれば、月の組成が地球のマントル物質とほぼ同じであることや、月の核が小さいことの説明がつくことから、現在もっとも有力な仮説とされている。

月誕生の4つの仮説

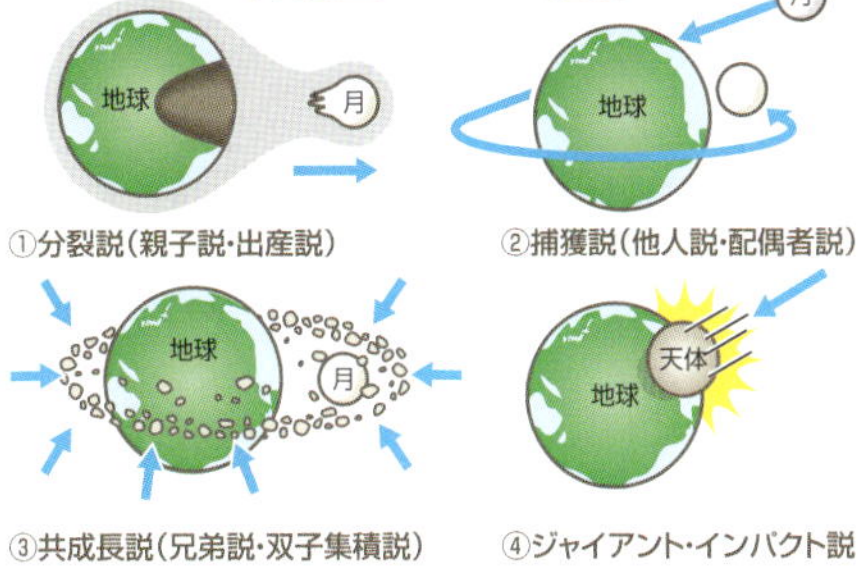

神秘的に輝く月。満ち欠けによってさまざまな表情を見せる月は、潮の満ち引きといった物理的な作用だけでなく、精神的な面においても人類にとってかけがえのないパートナーである。

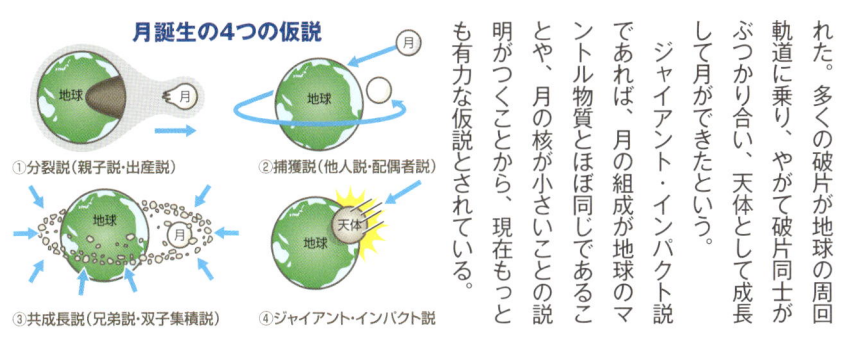

かぐやのハイビジョンカメラが撮影した、月面から地球がのぼる様子。高解像度のハイビジョン画像で写し出された月と地球の美しさは、日本のみならず世界の人々に大きなインパクトを与えた。

JAXAが2007年9月14日に打ち上げた月周回衛星「かぐや」(想像図)。アポロ以来の本格的な月探査として注目された。中央のかぐやの奥に描かれているのは、2機の副衛星「おきな」と「おうな」。

月周回衛星「かぐや」の活躍

米ソの冷戦時代に宇宙開発競争が勃発し、両大国は月面着陸の一番乗りを競った。だが、「アポロ11号」の月着陸による熱狂が冷めた後、1976年に月へ行ったソ連の「ルナ24号」を最後に、なぜか各国の宇宙機関は月に関心を示さなくなったようにも見えた。

1990年、再び月を訪れたのは、日本の工学実験衛星「ひてん」だった。その後、NASAが1994年に「クレメンタイン」、1998年に「ルナ・プロスペクター」を打ち上げ、2003年にはESAが「スマート1」を打ち上げた。そして、2007年に登場したのがJAXAの月周回衛星「かぐや」だ。

かぐやにはさまざまな観測機器のほかに、JAXAがNHKと共同で開発したハイビジョンカメラが搭載され、これまでの探査では得られなかった月の美しい画像を撮影した。また、かぐやは月の磁気異常や月面の重力場といった貴重なデータの収集にも成功し、月の詳細な地図も作製されている。

再び活発になった月の探査計画

かぐやが国際的な月探査ブームに火をつけたかのように、その後、NASAの「ルナー・リコネサンス・オービター」「エルクロス」、インドの「チャンドラヤーン1号」が月の周回軌道に到達、その探査結果によって月に大量の水がある可能性が大きくなった。中国も、「嫦娥《じょうが》1号」「嫦娥2号」による月面の撮影に成功している。

そして、2011年9月10日にNASAの探査機「グレイル」が打ち上げられたほか、今後も世界各国で月探査計画が検討されている。

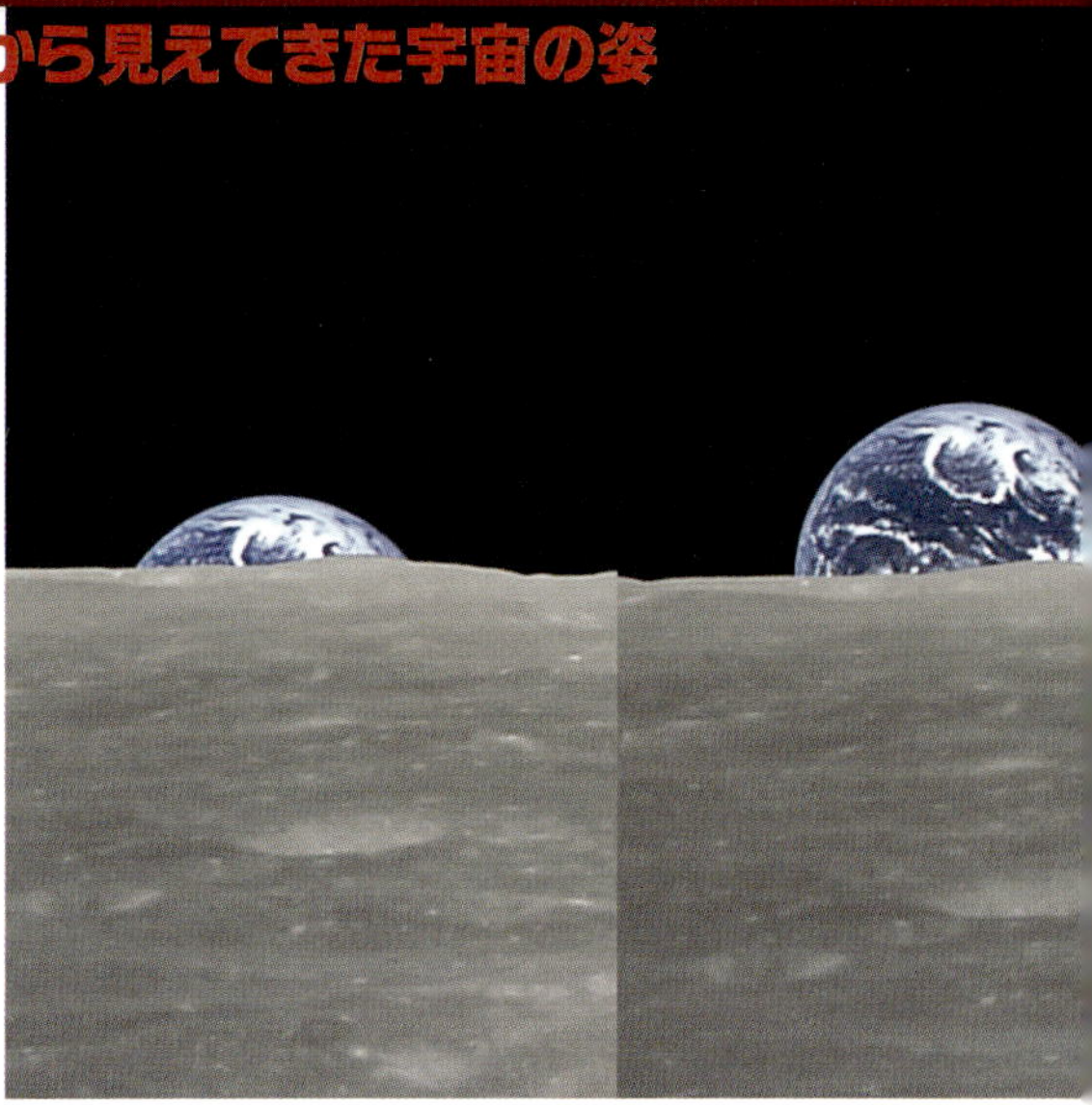

月面衝突実験を行うNASAの探査衛星「エルクロス」（想像図）。2009年10月9日、エルクロスは月の南極付近にあるカベウス・クレーターに衝突、そのとき噴出した物質を分析したところ、月に水があることが確認された。

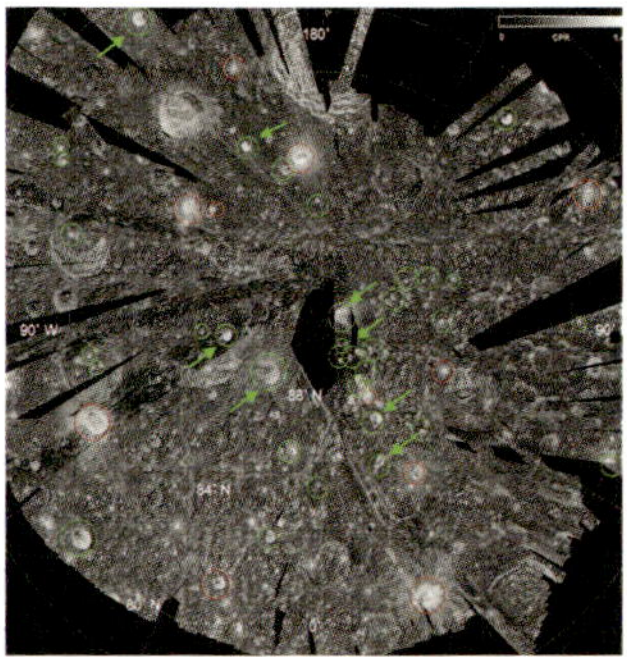

月の北極で、クレーターの永久影内に氷があると推測される部分の画像。

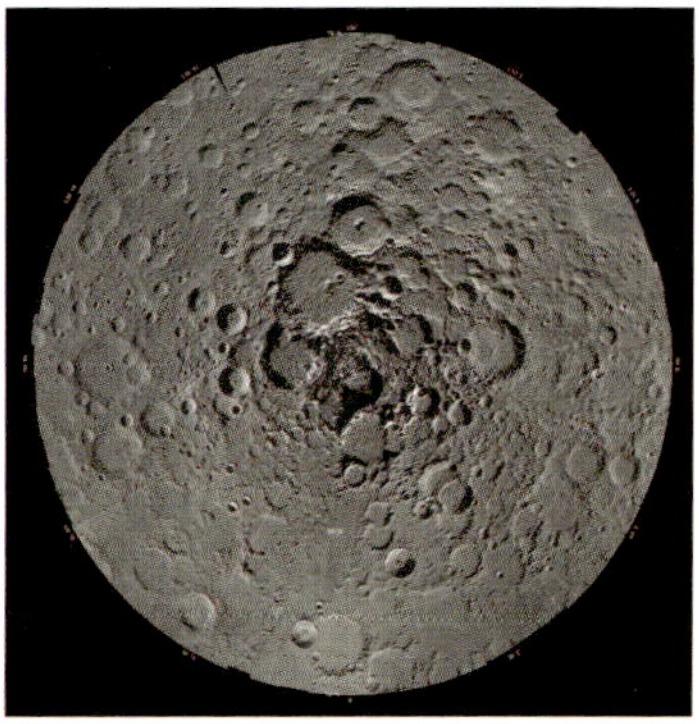

月の北極地域。月の両極のクレーター内には、太陽光が当たらない「永久影」があり、一部のクレーターで水の存在が確認されている。

岩石と砂に覆われた火星表面。荒涼としたこの世界に、果たして生命は存在するのだろうか?

火星

Mars

岩石と砂に覆われた赤い大地

DATA

太陽からの平均距離：2億2794万Km
赤道半径：3396Km
体積（地球比）：0.151
質量（地球比）：0.107
密度：3.93g/cm^3
重力（地球比）：0.38
平均表面温度：-65℃
赤道傾斜角：25.19度
公転周期：686.98日
自転周期：1.026日
衛星：2

誤解から生まれた「火星人」

地球の外側の軌道を回る赤い惑星、火星。英語名の「マーズ（Mars）」は、その赤い色が血や火を連想させることから、ローマ神話における軍神「マルス」にちなんで名づけられた。だが、火星が赤く見えるのは当然血や火ではなく、酸化鉄、つまり錆が土壌に多く含まれるためだ。

観測機器が発達していない時代、火星を望遠鏡でのぞくと線状の模様が見えた。イタリアの天文学者が、この模様をイタリア語で「溝（あるいは水路）」を意味する「canali」と記述したとこ

赤道付近には、地殻が裂けてできたマリネリス峡谷が横たわる。全長4000キロメートル、最大幅200キロメートル、深さ8キロメートルという巨大さで、太陽系最大の峡谷といわれる。

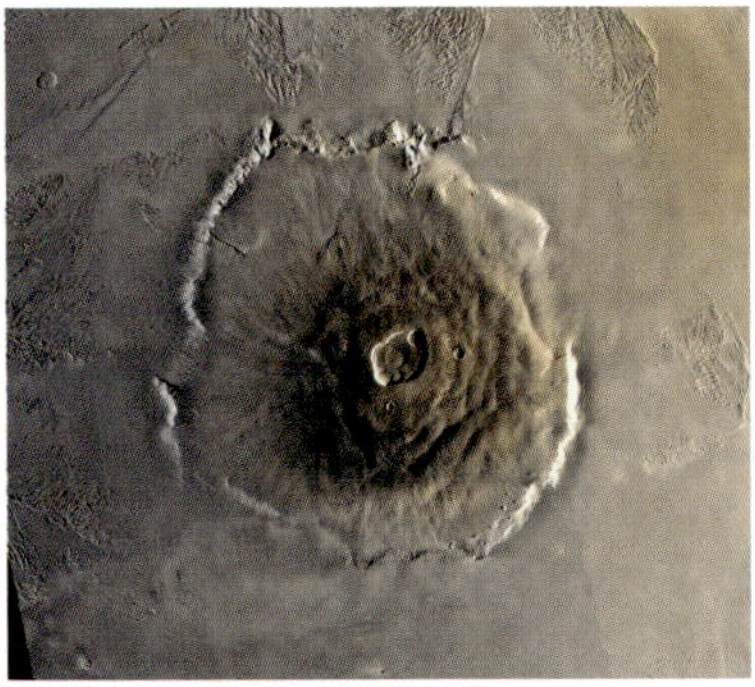

こちらも太陽系最大といわれるオリンポス山。高さは2万5000メートルを超え、裾野の直径は600キロメートルにもなる。数百万年前まで火山活動があったと考えられているが、現在は火山活動は認められない。

ろ、英訳する際に「運河」を意味する「canal」と誤訳してしまったことから、「火星には運河がある」という説が広まった。

そして、運河があるなら、当然それを作った文明もあるはずだという考えから、火星人が存在すると信じられるようになった。そのため、火星や火星人を扱った小説も多く作られ、中でもH・G・ウェルズの小説『宇宙戦争』は、人々に「火星人＝タコ型宇宙人」というイメージを植えつけたほどだ。

やがて観測技術が発達し、火星まで探査機を飛ばすことができるようになると、火星の地形に見られる模様は運河ではなく、そこが文明のかけらもない、岩石と砂ばかりの荒涼とした世界であることがわかった。

赤茶色に覆われた火星。火星が赤く見えるのは、地表の岩石や砂などに多く含まれる酸化鉄のためだ。南北の極付近は氷に覆われているため白く見える。

ESAの「マーズ・エクスプレス」が捉えた、北極付近のクレーターにある氷。「極冠」に見られるドライアイスではなく、純粋な氷塊と考えられている。

火星もかつては「氷の惑星」だった

では、火星には生命はまったく存在しないのだろうか。実は「太古の火星には水があった」と思われる証拠がいくつか発見されている。火星の北極と南極には、水と二酸化炭素からなる「極冠」があり、大量の水分が地中に含まれている可能性も高い。つまり、適切に火星の気候を暖めることができれば、人間の活動に不可欠な水が簡単に入手できるという考えもある。

1996年、NASAの研究チームが、火星から飛来した隕石の中に生命の痕跡を発見したと発表した。20～100ナノメートル※というバクテリアに似たチューブ状の模様や微生物が作り上げる鉱物粒、有機物が見つかったというのだ。しかし、これに反論する意見も多く、現在でもこれが「生命の痕跡」かどうか議論する声が絶えない。

※ナノメートル：1ナノメートルは10億分の1メートル。

いつか人類が火星に住む日がくる?

火星はおよそ2年2か月ごと

NASAの「フェニックス」が地表探査中に足元をロボットアームで掘り返したところ、中から氷が現れた（2008年6月15日と19日の画像）。火星はかつては水のある温暖湿潤な環境で、現在も地下には水が蓄えられていると推測される。

に地球に接近するため、そのチャンスを生かして、これまで数々の探査機が送り込まれてきた。そして、NASAの「マーズ・サイエンス・ラボラトリー計画」やESAの「エクソマーズ(ExoMars)計画」など、今後も多くの火星探査計画が計画されている(将来の宇宙計画については92ページ参照)。

こうした計画の最終目標は、火星への有人飛行だ。NASAは、2030年ごろまでに人類が火星に到達し、長期滞在しながら火星探査や資源開発を行う見通しを発表している。

火星進出計画の中には、人間が居住できる基地を建設するだけでなく、火星の環境そのものを地球に似た環境に変える「テラフォーミング」など、さまざまなアイディアも検討されている。いつの日か、火星が人類第2の故郷になるのかもしれない。

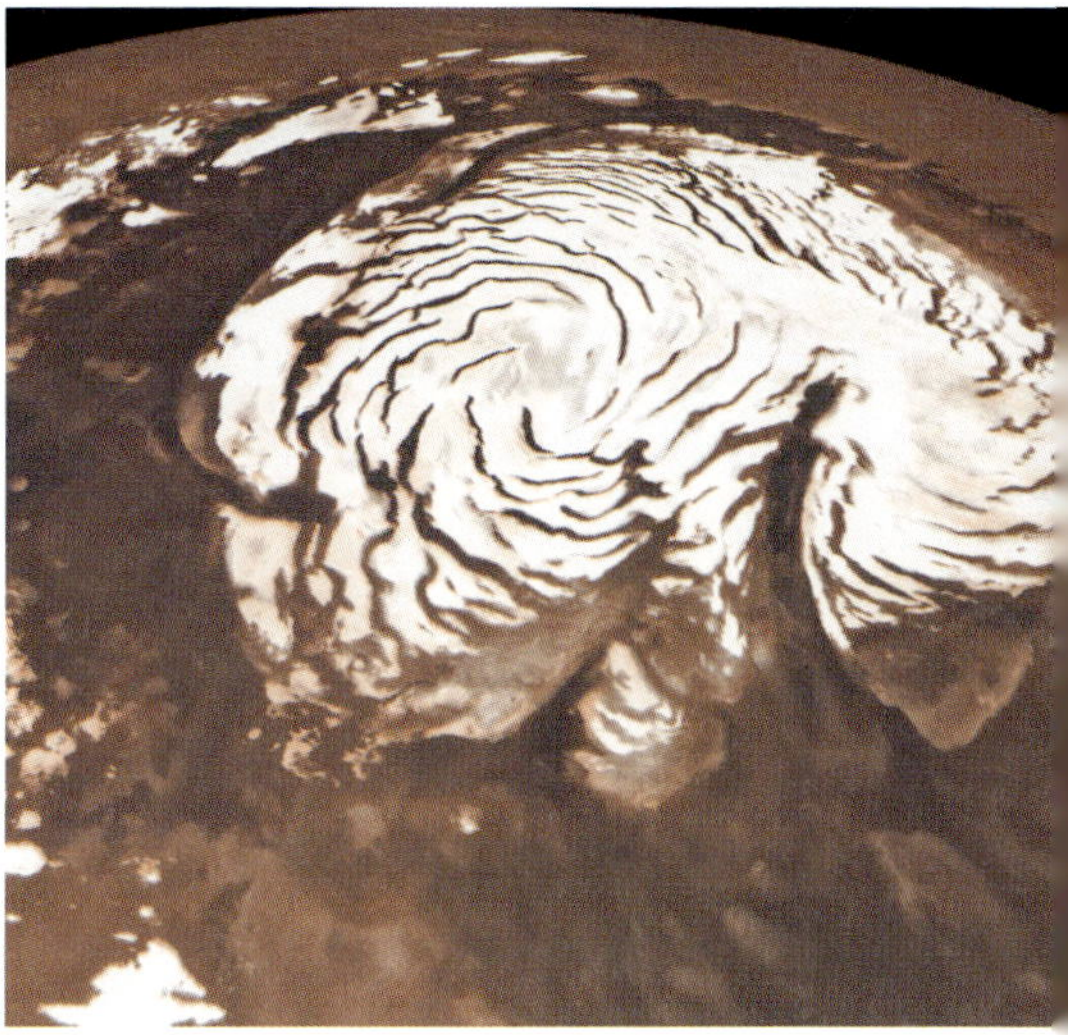

北極地域に広がる極冠。火星の極地は、大気中に含まれる二酸化炭素の25パーセントが昇華して固体となったドライアイスに覆われている。

火星の南半球高地に位置するクレーターの側壁を撮影したもので、水流に浸食された様子がよくわかる。このように水が流れてできたと思われる地形は火星のいたるところで確認されており、かつて火星には豊富な水があったことを示している。

火星の衛星フォボス(上)とダイモス(下)。いずれも半径10キロメートル程度の大きさで、いびつな形をしている。徐々に火星に近づいているため、いずれは火星の重力で破壊される可能性がある。

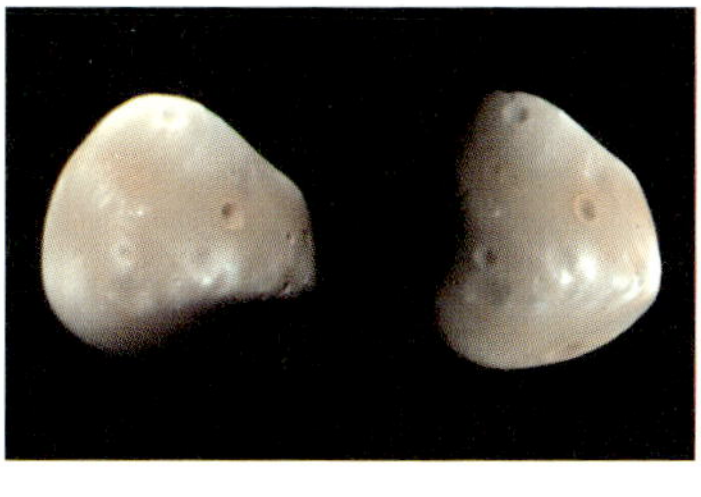

小惑星

Asteroid

太陽系誕生時の秘密を握る

太陽系内に無数に漂う小さな天体

小さな天体の中で、彗星のように物質を吐き出していない天体を総称して「小惑星」と呼ぶ。

小惑星は、火星と木星の間にある「小惑星帯」(アステロイドベルト)に数多く存在する。ほかに、木星の軌道上にも「トロヤ群」と呼ばれる場所や、太陽系外縁部にある「エッジワース・カイパーベルト」にも小惑星が存在する。それらと区別するために、従来の小惑星帯を「メ

2011年7月17日、NASAの探査機「ドーン」によって撮影された小惑星ベスタ。1807年に発見された小惑星で、「メインベルト」の中ではセレス、パラスに次ぐ3番目の大きさだ。

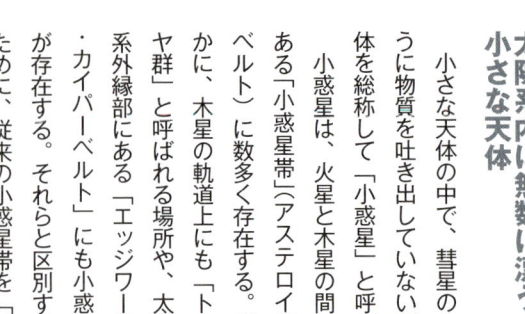

インベルト」（あるいは「メイン・アステロイドベルト」）と呼ぶようになった。

また、メインベルトの内側にある惑星を「内惑星」、その外側の惑星を「外惑星」とする分類もある。

現在観測されている小惑星は25万個以上あり、総数は数百万個に達すると推定されている。

これだけの数があると、小惑星同士はとても近い距離にひしめき合っているような印象を受けるかもしれないが、実際には小惑星同士は大きく離れている。

もっとも大きな小惑星は、直径およそ520キロメートルのパラスで、その次に大きい小惑星がベスタだ。かつては、直径910キロメートルのセレスが最大の小惑星とされていたが、セレスは2006年に新しく作られた準惑星のカテゴリへ再分類された。

小惑星はどのようにできたのか

メインベルトの成り立ちについては、その昔、火星と木星の間にあった惑星が破壊された結果だという説もあったが、現在では木星の巨大な重力の影響により、惑星になりきれなかった

小惑星ベスタと準惑星セレスの探査を目的に、2007年9月27日に打ち上げられたドーン（想像図）。2011年7月にベスタへ到着し、観測を開始した。このあとは2015年2月にセレスへ到着する予定だ。

直径910キロメートルのセレス。1801年に発見され、メインベルト中、最大の小惑星とされてきたが、その大きさによって準惑星に分類された。

火星・木星間の軌道上に広がるメインベルト。そのほかに、木星軌道上には木星を挟むように「トロヤ群」が存在する。

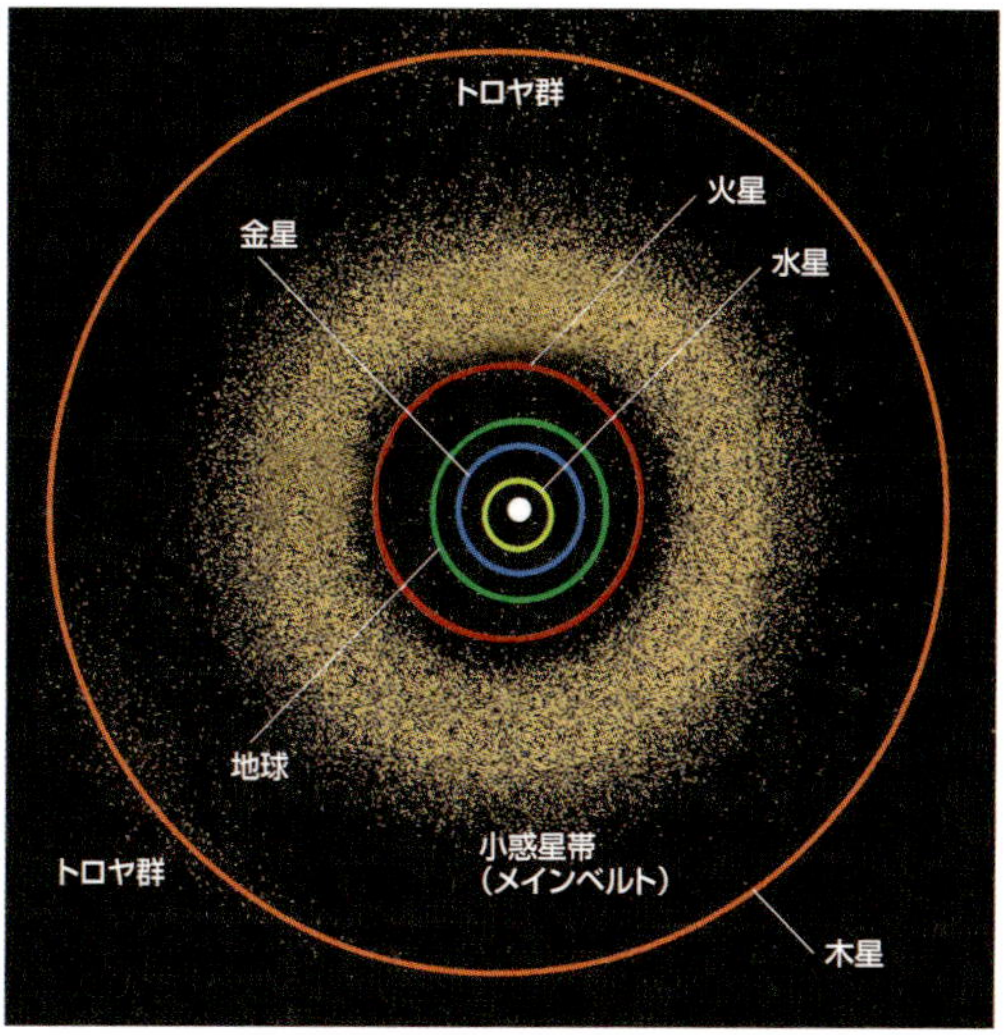

天体が集まったものだという考え方が主流になっている。

惑星のように十分な大きさや質量もなく、大気や水の影響を受けていない小惑星は、太陽系が誕生したころの状態を維持していると考えられている（これを否定する説もある）。

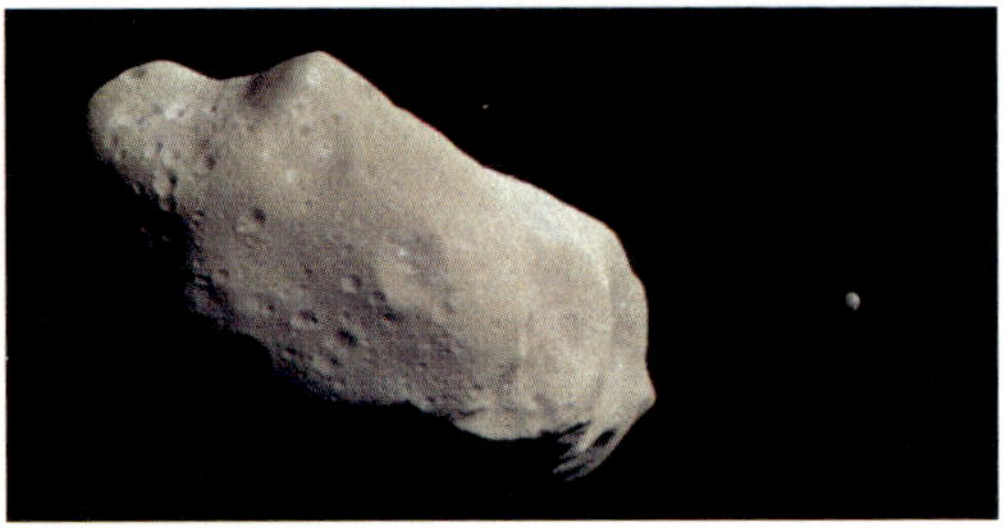

小惑星のサイズや形状はさまざまで、構成成分や構造などもそれぞれに違いがある。写真の小惑星アイダのように、小さな衛星を持つものも確認されている。

「はやぶさ」のサンプルは何を物語る?

現在、日本の小惑星探査機「はやぶさ」が、世界で初めて小惑星イトカワから持ち帰った微粒子サンプルの解析が進められている。2011年3月にJAXAが発表した初期分析の中間報告によれば、太陽風や宇宙線、隕石衝突による風化（太陽風化作用）の痕跡や、化学的に安定した元素のガス（希ガス）の分析結果から、採取した微粒子はイトカワ表面に由来するものとされている。

今のところ、有機物の証拠は見つかっていないが、ひとつの微粒子に複数の鉱物種が複雑に混在していることなどがわかっており、さらに分析が進めば、小惑星の成り立ちだけでなく、太陽系誕生の様子を知ることができるかもしれない。

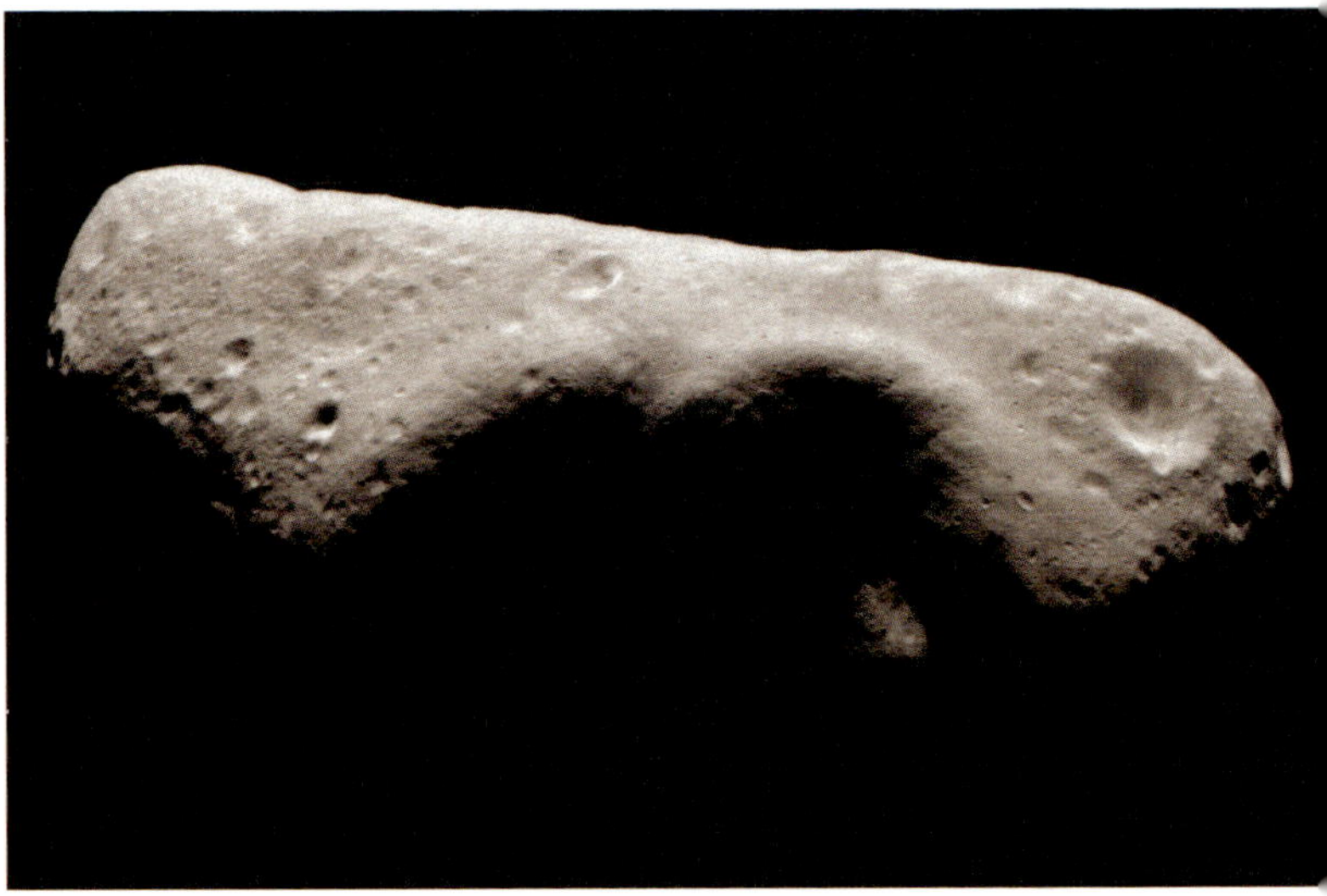

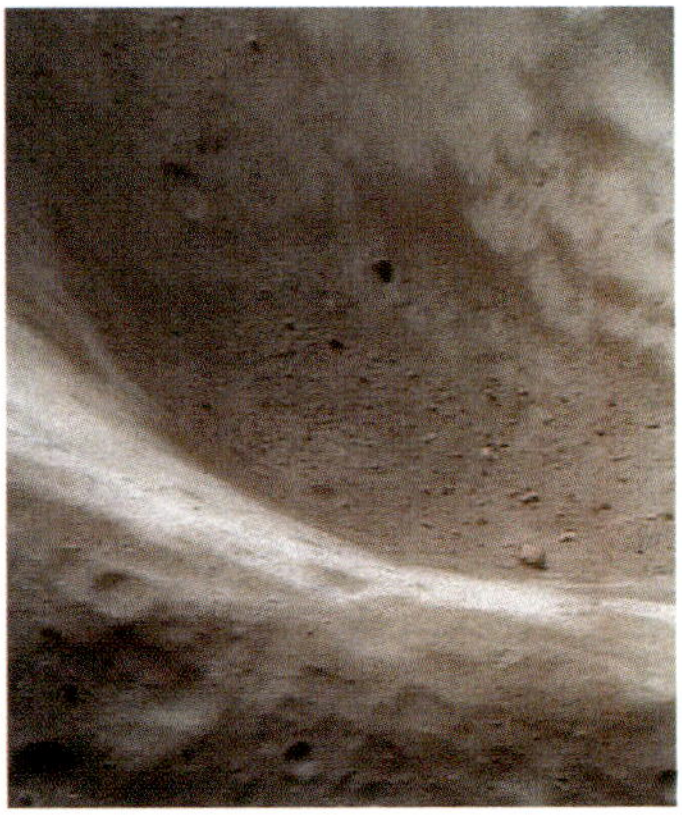

細長い形状をした小惑星エロス（上）。その表面は衝突した小天体によって堆積したレゴリス（砂）で厚く覆われている（下）。

小惑星探査機「はやぶさ」が到達した小惑星イトカワ。エロスや他の大部分の小惑星に比べて表面のレゴリスが少なく、岩塊が多いのが特徴的だ。

はやぶさが持ち帰ったイトカワの微粒子サンプル。太陽系誕生時の様子を知る手がかりとして、その分析結果に期待が集まる。

実は小惑星は、地球と生命の未来をおびやかす存在である。事実、過去に恐竜が絶滅したのは小惑星の衝突が原因だったとする説が有力だ。小惑星の中には地球に異常接近する軌道を持つものもある。2011年11月には、直径約400メートルの小惑星2005YU55が、月軌道よりも内側を通過した。

「ボイジャー1号」が捉えた大赤斑《だいせきはん》。大赤斑の中は反時計回りの渦が発生している。この渦は1665年に発見されて以来、実に300年以上存在しつづけているが、その明確なメカニズムはわかっていない。

木星

Jupiter

太陽系最大の巨大ガス惑星

南極上空から見た木星。極方向から眺めると、自転方向に沿って生じるガスの縞模様がきれいな同心円状に見える。

質量不足で太陽になり損ねた惑星

木星は太陽系の中でもっとも巨大な惑星だ。太陽と同様に、主に水素とヘリウムから構成されるガス惑星であり、「太陽になり損ねた星」という異名を持つ。だが、実際に木星が太陽と同じ恒星になるためには、天体内部で核融合反応が起きなければならず、そのためには現在の木星質量の70～80倍以上の質量が必要だ。

もし木星の質量が核融合反応を起こすだけの質量を持っていたとすれば、惑星の数や大きさ、軌道要素などに影響を及ぼすはずで、太陽系は今とはまったく違った姿になっていただろう。

ただ、木星が現在の軌道のまま「第2の太陽」になったとしても、木星と太陽の距離は地球

DATA

太陽からの平均距離：
7億7830万Km
赤道半径：7万1492Km
体積(地球比)：1321.33
質量(地球比)：317.83
密度：1.33g/cm^3
重力(地球比)：2.37
平均表面温度：-110℃
赤道傾斜角：3.13度
公転周期：4332.589日
自転周期：0.414日
衛星：65

と太陽の距離のおよそ5・2倍もあるため、人類への心理的影響は除いて、地球自体に大きな影響はないと思われる。

謎に満ちた木星のトレードマーク

木星を特徴づけている茶褐色の横縞模様は、強い気流の流れによるものだ。その中にひときわ大きく見える楕円の渦が、「大《だい》赤斑《せきはん》」と呼ばれる現象で、長さがおよそ2万4000キロメートル、幅がおよそ1万3000キロメートルもあり、実に地球2個分の巨大さである。

木星には大赤斑のほかにも、いくつかの小さい斑点が存在するが、2008年には「小赤斑」とよばれる小さな斑点が消えてしまう様子が観測された。その

NASAの土星探査機「カッシーニ」が撮影した木星。美しい縞模様や大赤斑の中の渦まで克明に捉えている。左側の下方に写っている影は衛星エウロパのものだ。

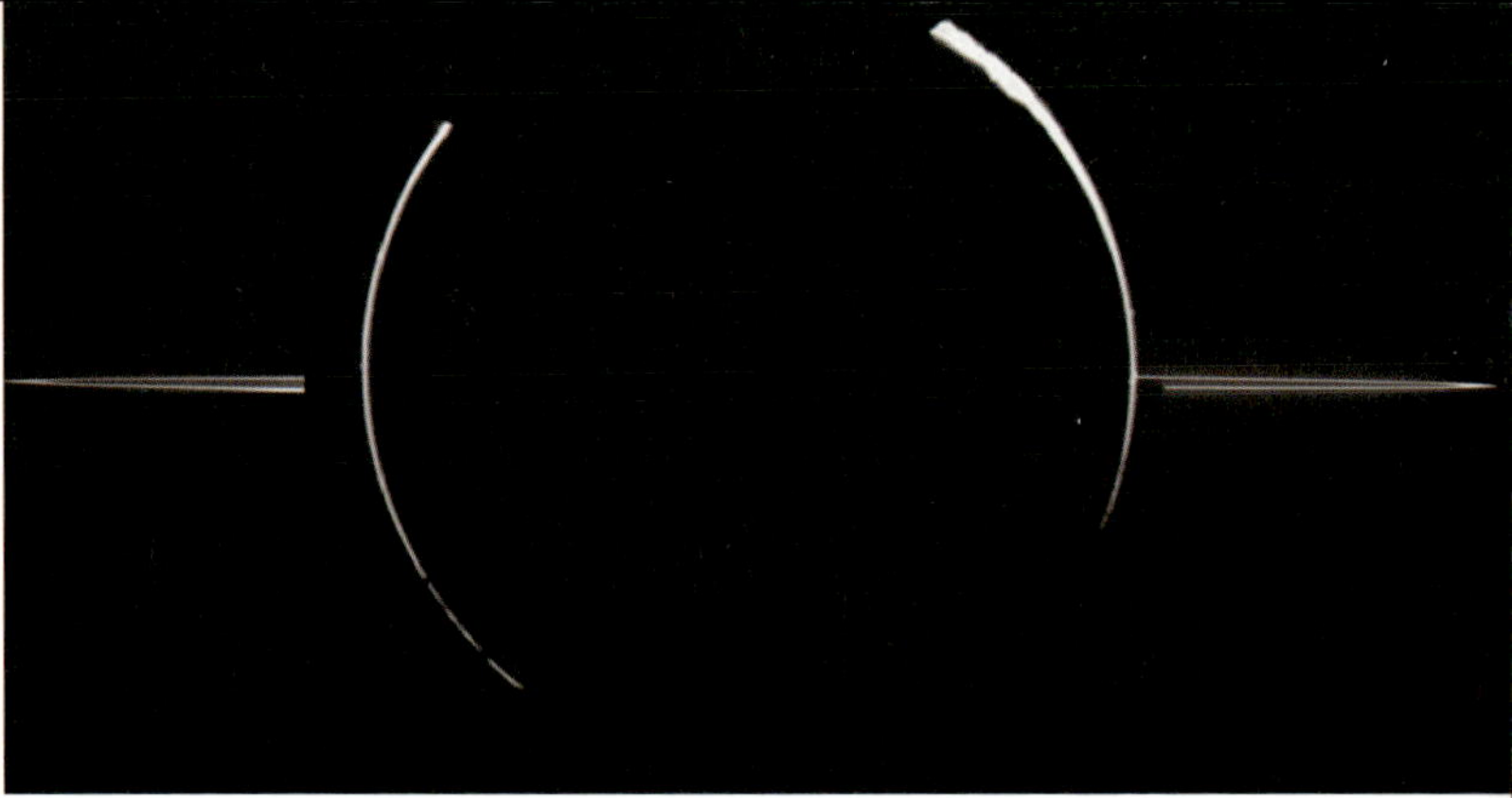

ボイジャー1号によって発見された木星のリングは、探査機「ガリレオ」の観測によって、衛星の近傍にある塵が集まったものと判明した。3本のリングは、内側から順に「ハローリング」「メインリング」「ゴッサマーリング」と名づけられている。

理由は、大赤斑によって吸収されたか、破壊されたためと考えられている。大赤斑や小赤斑などの現象が、どのような原因で生じているのかは、木星の大きな謎のひとつだ。

2011年8月に打ち上げられた木星探査機「ジュノー」（想像図）。

木星にも3本のリングがあった

　木星はたくさんの衛星を持つ惑星だ。２０１１年時点で65個の衛星が確認されており、そのうち50個に名前がつけられている。これは土星に並ぶ衛星数の多さだ。また、あまり知られていないが、土星と同じように木星にもリング（環）が存在する。リングはＮＡＳＡの「ボイジャー1号」によって発見され、「ボイジャー2号」によって3本と確認されているが、土星のリングよりも細くて暗い。

　木星のさまざまな謎を解明するために、ＮＡＳＡは２０１１年8月に木星探査機「ジュノー（Ｊｕｎｏ）」を打ち上げた。計画では、２０１３年10月に地球に再接近、軌道を変更して２０１６年７月に木星圏内に到達する予定だ。木星圏到達後、ジュノーは木星の極軌道をめぐり、約15か月にわたって木星の核（コア）の調査や木星磁場のマップ作成、大気中の水とアンモニアの測定、木星極地におけるオーロラの観測などのミッションを行う。ミッション終了は２０１

木星の南北極地で観測されたオーロラ。このオーロラの観測もジュノーに課されたミッションだ。

数多くある木星の衛星のうち、ガリレオ・ガリレイが発見した4つを「ガリレオ衛星」と呼ぶ。写真は合成したもので、上から順にイオ、エウロパ、ガニメデ、カリスト。

衛星エウロパ。NASAは2011年11月、ガリレオの観測データと南極の観測データを比較することにより、エウロパの表面から約3キロメートル下に、塩水で構成された巨大な湖が存在する可能性があると発表した。もしこの湖が実在すれば、生命が存在する可能性も高くなる。

7年10月の予定だ。
木星の分厚い大気の下には、木星形成時の状態がそのまま残っているのではないかと考えられており、ジュノーの探査によって木星が作られたプロセスだけでなく、太陽系の惑星が形成されるプロセスの解明にも期待が集まっている。

土星探査機「カッシーニ」が撮影した土星の姿。ガス惑星であるため、木星と同様にガスの縞模様が生じている。土星は自転速度が速いため、遠心力の影響で赤道付近が膨らみ、南北がややつぶれた形をしている。

土星

Saturn

美しいリングをまとう黄金の星

(図1) **太陽系の惑星の密度**

惑星	およその比重(g/cm³)
水星	5.43
金星	5.24
地球	5.52
火星	3.93
木星	1.33
土星	0.69
天王星	1.27
海王星	1.64
冥王星	2.13

DATA

太陽からの平均距離：14億2939万Km
赤道半径：6万268Km
体積（地球比）：763.59
質量（地球比）：95.16
密度：0.69g/cm³
重力（地球比）：0.92
平均表面温度：-140℃
赤道傾斜角：26.73度
公転周期：1万759.23日
自転周期：0.444日
衛星：65

土星は水に浮いてしまう？

美しいリング（環）を持つ土星は、太陽系の中で木星に次ぐ大きさの惑星だ。土星の英語名である「サターン（Saturn）」は、「悪魔（サタン）」ではなく、ローマ神話の「サトゥルヌス（Saturnus）」に由来する。サトゥルヌスは「土曜日（Saturday）」の語源ともなった農耕の神であるためか、土星には牧歌的なイメージを持つ人も多い。しかし、その大気成分の9割以上は水素

土星も南北両極付近でオーロラが観測されている。写真は南極に発生したオーロラの様子。

美しい土星のリング。リングは発見された順に、内側からD環、C環、B環、A環、F環、G環、E環と呼ばれている。色が違うのはその成分が異なるためだ。2009年10月には、赤外線観測により、土星直径の300倍、直径約3600万キロメートル、幅約600万キロメートル、厚さ約120万キロメートルという巨大な土星のリングも発見されている。

でできており、木星同様に環境は過酷だ。

土星の中心には、鉄などからなる核（コア）があると考えられているが、惑星全体の比重は太陽系の惑星の中でもっとも小さい（図1）。もし太陽系の惑星をプールに入れたら、ほかの惑星が沈んでいく中で、土星だけが浮かんでしまうだろう。

土星を特徴づける幻想的なリング

土星を印象づけているのは、

なんといってもリングの存在だろう。かつては「耳を持つ惑星」と呼ばれたこともあった。地球から見る土星は、15年周期で角度を変える。土星が真横を向く角度のときには、地球から土星のリングが見えなくなることがあり、2009年には、地球からリングの消えた（見えなくなった）土星が観測されて話題になった。

土星のリングは、氷のかけらや岩石の塵といった小さな粒子からできている。リングの厚みは、土星の直径に比べると非常に薄く、数十〜数百メートルしかない。外側から内側に向けて薄くなり、内側から2番目のリング（C環）の厚みはおよそ5メートルという薄さだ。

NASAとESAが共同で打ち上げた「カッシーニ」などの探査機によって観測が進んだ土星のリングだが、リングがどのようにして作られたかという点については、まだ不明な点が多い。重力に引き寄せられた衛星や小惑星が、互い

土星で最大の衛星タイタン。半径2575キロメートルで、太陽系の衛星の中でも2番目の大きさだ。窒素やメタンなどからなる濃い大気に覆われているため、地表を直接観測することはできない。

タイタンに降り立つ小型探査機「ホイヘンス・プローブ」（想像図）。

ホイヘンス・プローブが撮影したタイタンの地表の様子。タイタンには山や川、島といった地形があり、液体メタンの湖が点在することも判明している。

に衝突して、あるいは「ロシュの限界」※を超えて破壊されてできた、という説もある。また、リングは安定したものではなく、数万～数億年で散逸してしまうと考えられている。

　長い間、リングを持つ惑星は土星だけと思われてきたが、1977年に天王星のリングが見つかり、のちに木星や海王星にも複数のリングの存在が確認されている。

※ロシュの限界：天体が本星の影響で破壊されずに近づける限界の距離のこと。

数多くの衛星を従える土星

　現在までに発見されている土星の衛星の数は65個で木星と並ぶ（そのうち3つは不確実とされている）。ただし、命名された衛星の数は53個で、木星の命名された衛星数（50個）よりも多い。

　土星でもっとも大きな衛星はタイタンで、木星の衛星ガニメデに次ぐ大きさだ。また、太陽系内の衛星としては唯一、地球の1.6倍という濃い大気を持つ。木星の衛星エウロパと並び、生命が存在する可能性があると考えられている。

　2005年にはカッシーニに搭載されていた「ホイヘンス・プローブ」がタイタンへの着陸に成功し、タイタン表面の画像や風の音を地球に伝えた。

個性的な性質を持つ土星の衛星

土星の衛星中、6番目に大きいエンケラドス。表面を雪と氷に覆われた白い衛星で、タイタン同様、生命体の存在の可能性が高いと考えられている。

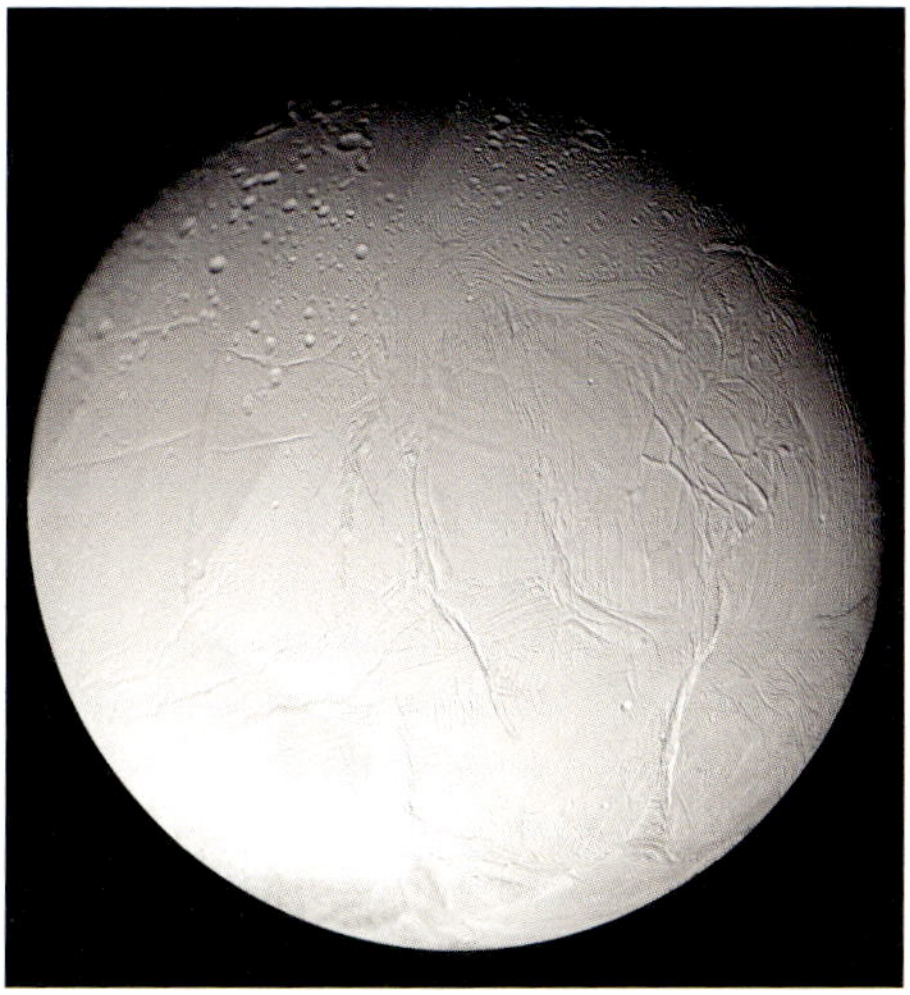

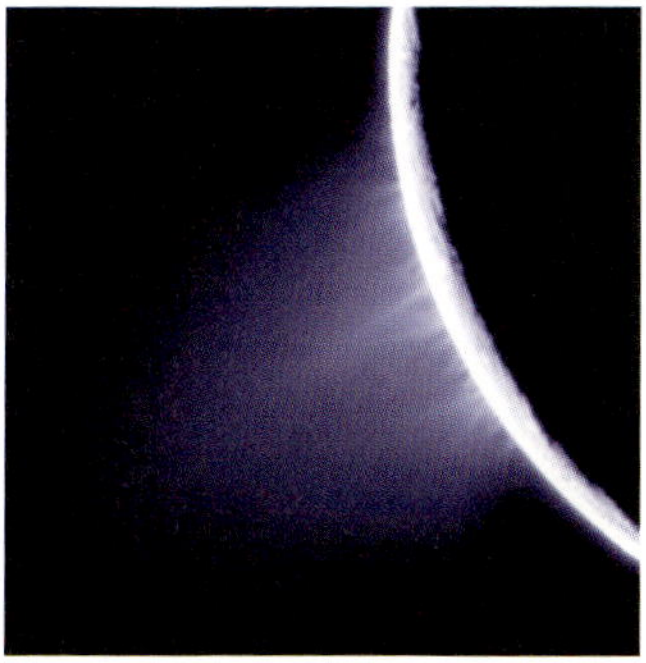

エンケラドスは地質学的な活動が活発で、氷を噴き出す火山が見つかっている。

衛星ミマス。ひとつ目のような巨大なクレーターが特徴的だ。

衛星イアペタス。半面だけ黒っぽい物質が降り積もっており、白と黒に塗り分けられたように見える。

天王星と海王星

Uranus & Neptune

今後の探査が期待される遠い惑星

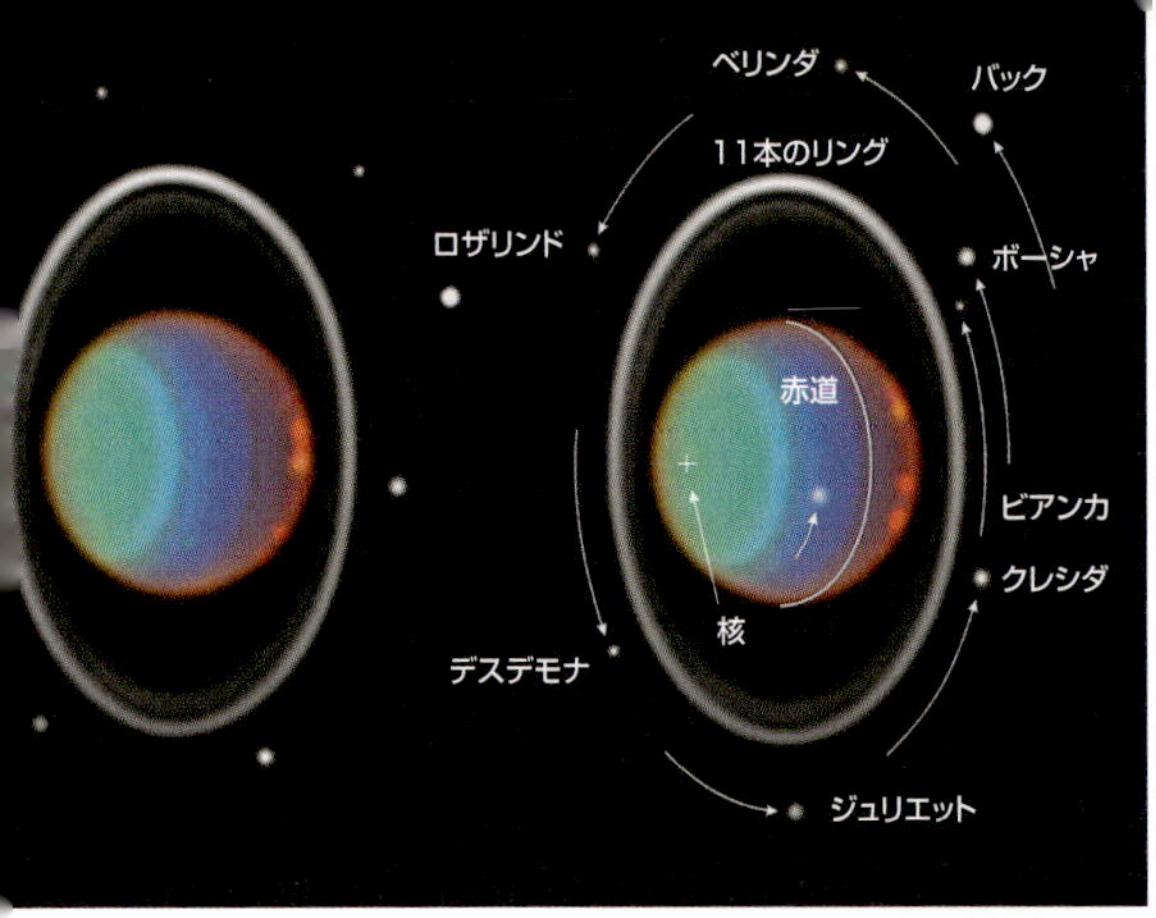

天王星のリングと衛星。木星や土星と同じく、天王星も11本のリングと多くの衛星を持っている。

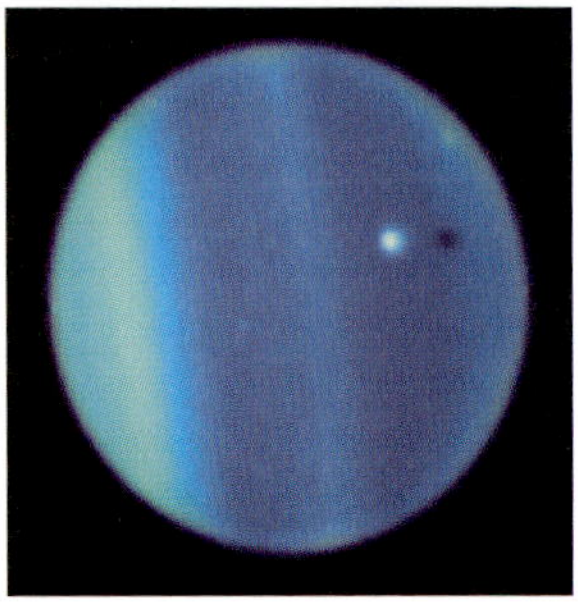

ハッブル宇宙望遠鏡が捉えた天王星。大気による縞が縦方向になっている様子から、自転軸が横倒し状態になっていることがわかる。小さく写っているのは衛星アリエル。

メタンによって青く光る天王星型惑星

太陽系第7番惑星の天王星と第8番惑星の海王星は、以前は大きさと位置から「木星型惑星」と分類されていた。だが、「ボイジャー2号」の観測によって、従来考えられていた以上に多く

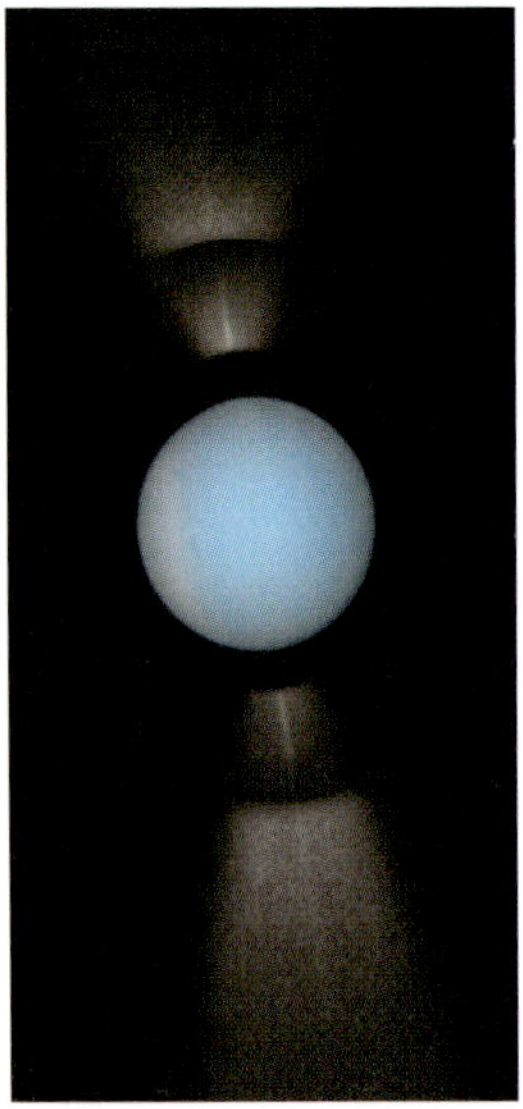

天王星のリングが、地球から見て真横になった様子。上下にトゲのように見える光がリングで、42年ごとに起きるめずらしい現象だ。

DATA

天王星	海王星
太陽からの平均距離：28億7503万Km	太陽からの平均距離：45億445万Km
赤道半径：2万5559Km	赤道半径：2万4764Km
体積（地球比）：63.08	体積（地球比）：57.74
質量（地球比）：14.54	質量（地球比）：17.15
密度：1.27g/cm³	密度：1.64g/cm³
重力（地球比）：0.89	重力（地球比）：1.13
平均表面温度：-195℃	平均表面温度：-200℃
赤道傾斜角：97.77度	赤道傾斜角：28.32度
公転周期：3万688.49日	公転周期：6万182.42日
自転周期：0.718日	自転周期：0.671日
衛星：27	衛星：13

の水やメタンが存在するとわかり、新たに「天王星型惑星」に分類された（惑星の分類については7ページ参照）。

両者が「巨大氷惑星」とも呼ばれるのは、岩や氷でできた中心核を、水やアンモニア、メタンなどの氷からなるマントル層が包み、さらに大気が覆っているという構造からだ。天王星も海王星も太陽から遠く離れているために、惑星表面は極低温となり、アンモニアも凍結してしまうのだ。

天王星も海王星も青みがかった星に見えるのは、海が存在するからではなく、大気中のメタンが赤い色を吸収してしまうためだ。ただし、色はときどき変化するため、どちらの惑星にも季節があると推測される。

メタンの影響で青緑色に見える天王星。木星や土星のようにはっきりとはしていないものの、天王星の表面にも縞模様が確認されている。

横倒しで自転する天王星の謎

天王星も海王星も地球から距離があり、他の太陽系の惑星に比べると、まだそれほど詳細なことはわかっていない。これまでに判明していることの中で興味深いのは、天王星の大きな特徴でもある自転軸の傾きだ。天王星の自転軸は、黄道面に対して約98度とほぼ水平に近く傾いており、いわば横倒しになったままグルグルと太陽のまわりを回っている状態なのだ。

金星の自転軸も約177度と極端に傾いているが、両者の自転軸がこれほど他の惑星と異なっているのは、月の起源として有力視されている「ジャイアント・インパクト説」（26ページ参照）と同様、惑星が形成される途中

「ボイジャー2号」が捉えた海王星の姿。天王星よりもメタンの濃度が濃いため、より深い青色に見える。中央付近に暗く見える部分は「大暗斑《だいあんはん》」と呼ばれ、木星の大赤斑と同じように巨大なハリケーンの渦と考えられている。

で巨大な天体と衝突し、自転軸がずれたのではないかと考えられているが、まだ仮説の域を出ない。

　また、自転軸の傾きのため、天王星の極地は日照量が多いはずなのだが、奇妙なことに赤道部分のほうが極地よりも温度が高い。これもまた未解明の謎だ。

逆方向に公転する衛星トリトン

　太陽系の惑星の中で一番外側に位置する海王星は、地球から肉眼で見ることができないほど暗く、その存在は純粋な観測結果からではなく、軌道の計算から導き出されたものだ。

　「ボイジャー2号」は海王星の南半球に「大暗斑《だいあんはん》」と呼ばれる巨大な渦を発見したが、その後ハッブル宇宙望遠鏡で観測したところ、大暗斑は消失していた。渦が作られた原因や消えた理由は不明だが、海王星の気候がダイナミックに変化するものであると考えられる。

　天王星も海王星も、それぞれリングと衛星を持っている。中でも海王星の衛星トリトンは、太陽系の逆行衛星の中でもっとも大きいことで知られる。逆行衛星とは、通常の衛星のように惑星の自転方向に公転するのではなく、逆方向に公転する衛星のことで、木星や土星の衛星にも逆行するものがある。トリトンは少しずつ海王星に近づいており、およそ1億年後には海王星の巨大な重力によって崩壊してしまうだろう。

　残念なことに、現在のところ天王星と海王星の新たな探査は計画されていない。両者の詳細が判明するのは、もう少し先のことになるだろう。

海王星の表面を横切る帯状の白い雲。海王星では東西方向に秒速400キロメートルもの強風が吹き荒れている。

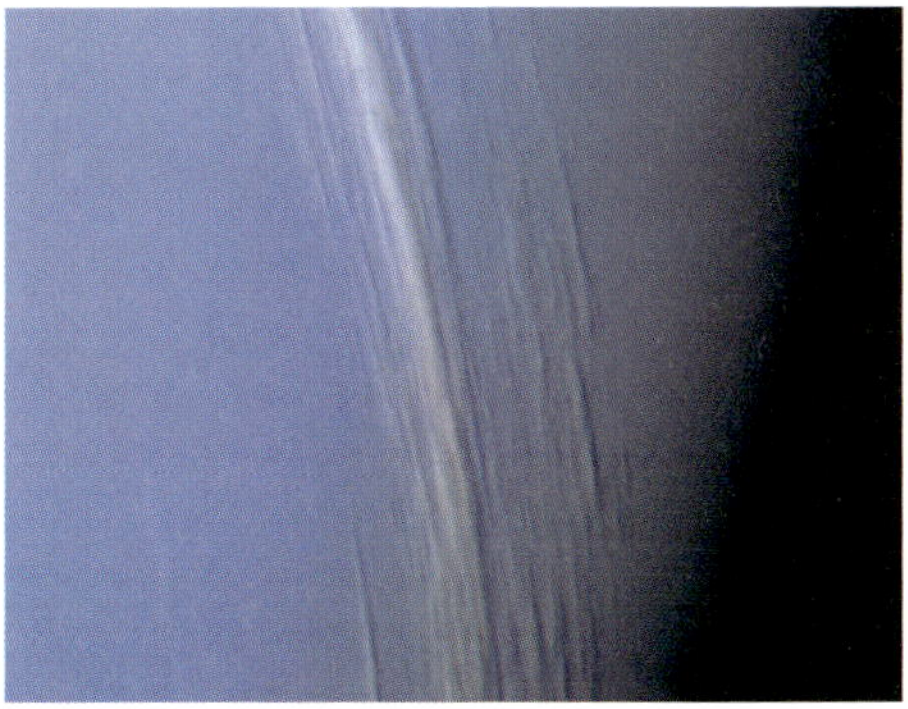

海王星最大の衛星トリトン。液体窒素や液体メタンを噴出する火山があり、現在も火山活動が観測されている。

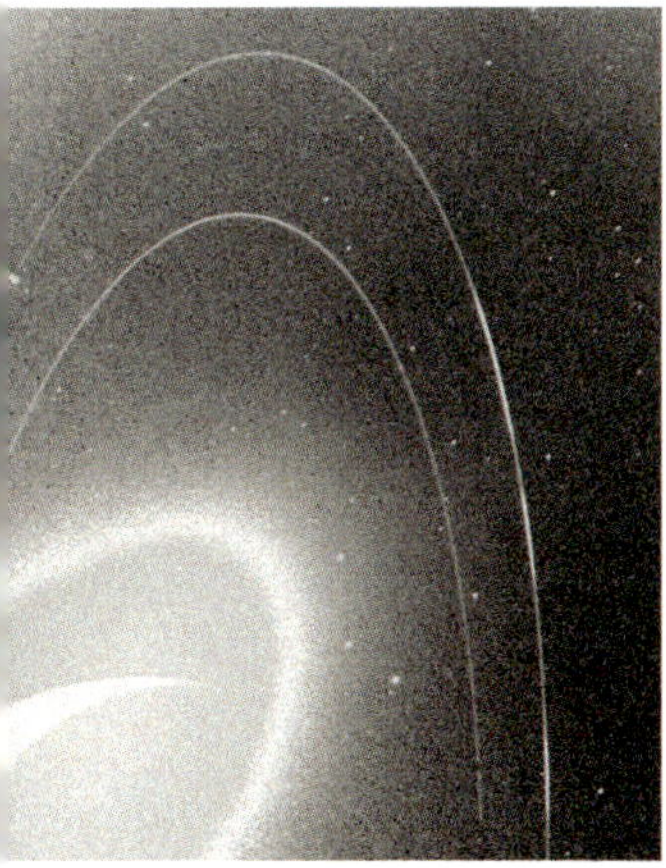

海王星の細いリング。海王星では現在4本のリングが確認されている。

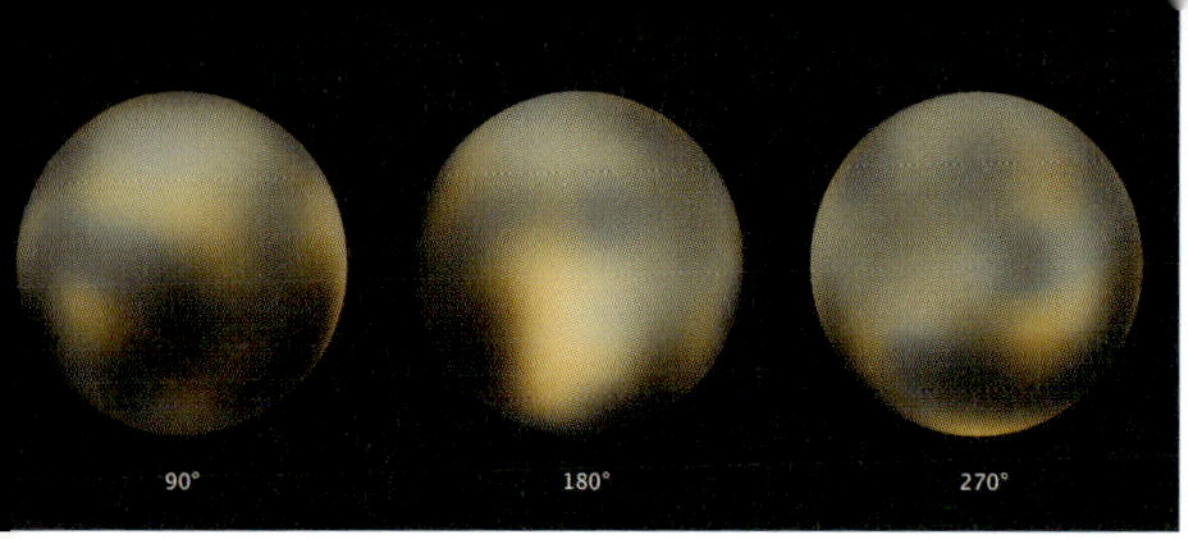

2002年から2003年にかけての冥王星表面の変化。もしかすると冥王星は氷や岩の塊ではなく、ダイナミックな季節の変化を持つ天体なのかもしれない。

冥王星（中央）とその衛星カロン（右下）。冥王星の半径は1195キロメートルで、カロンは半径586キロメートルとその半分近い大きさだ。

冥王星と太陽系の果て

Trans-Neptunian object

新たな天体グループとその外側の世界

惑星の地位を失った冥王星

1930年に太陽系第9番惑星として発見された冥王星は、発見当時から「奇妙な惑星」と呼ばれていた。その軌道は大きな楕円を描き、一部は海王星軌道の内側に入り込んでいるだけでなく、その軌道面が黄道面から17度と他の惑星に比べて大きく傾いていたからだ。

1990年代に入ると、太陽系外縁部に冥王星と同等、あるいは冥王星よりも大きな天体が次々に発見された。こうした発見により、2006年8月、チェコのプラハで行われた国際天文学連合（IAU）の総会で、冥王星は惑星ではなく「準惑星」に分類されることが決まった。

しかし、75年間も親しまれた冥王星が惑星でなくなることに反対する人も多かった。そこで、2008年には「太陽系外縁天体で、かつ準惑星」の分類名として、「冥王星型天体」が使われることになった。冥王星は惑星ではなくなったが、天体の分類名として残されたのだ。

現在、冥王星型天体として分類されている天体は、冥王星のほかにエリス、マケマケ、ハウメアがある。これら4つの天体は、太陽系外縁天体の一部だ。

ハッブル宇宙望遠鏡が捉えた冥王星。2枚の写真で全球となるイメージだ。
場所により反射率が異なるが、表面物質の違いによるものと考えられている。

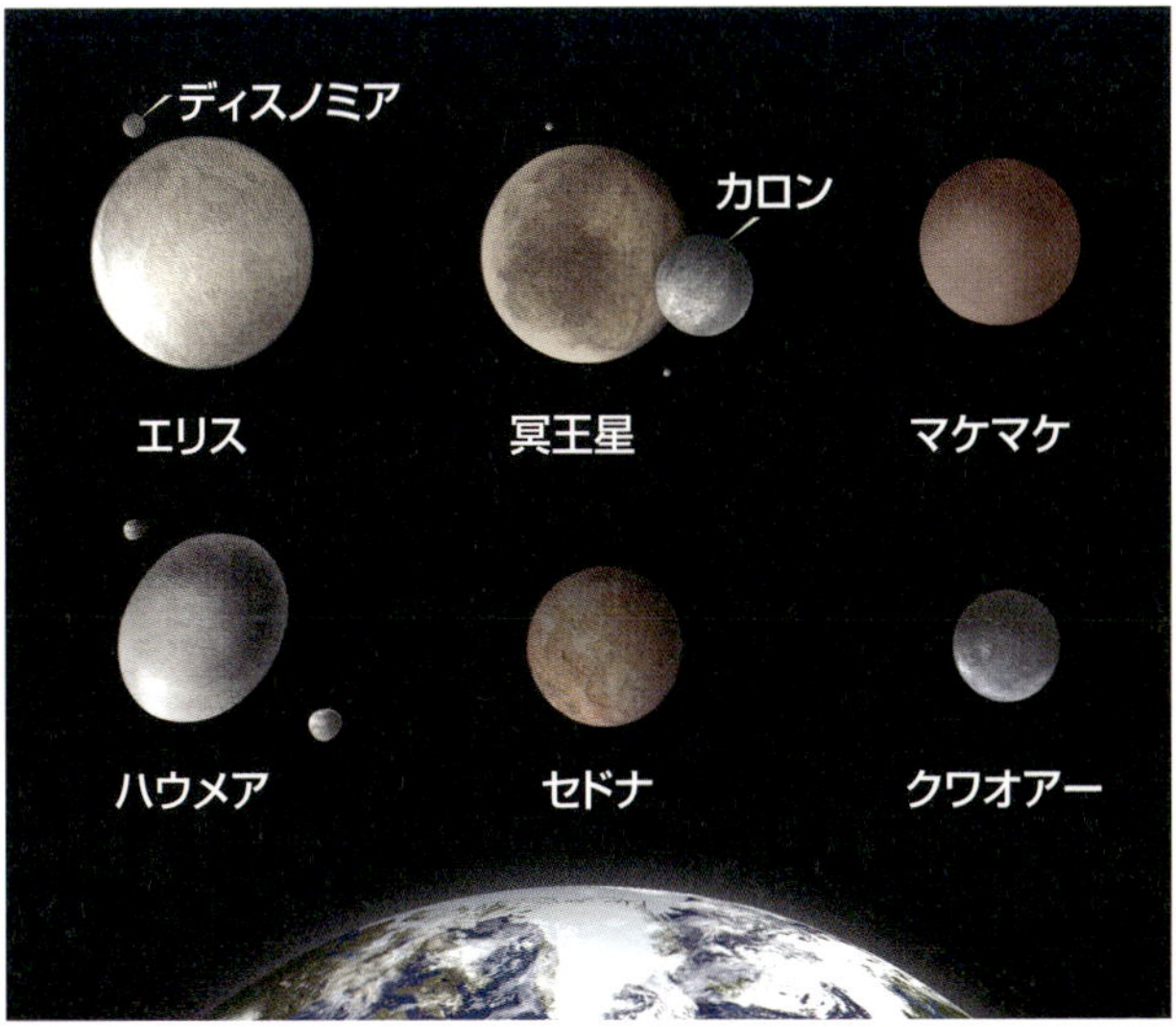

現在判明している主な「エッジワース・カイパーベルト天体」と関連天体。このうち、エリス、マケマケ、ハウメアは冥王星とともに「冥王星型天体」に分類されている。

海王星の外側に位置する太陽系外縁天体

太陽系外縁天体とは、海王星軌道の外側を周回する天体で、「エッジワース・カイパーベルト

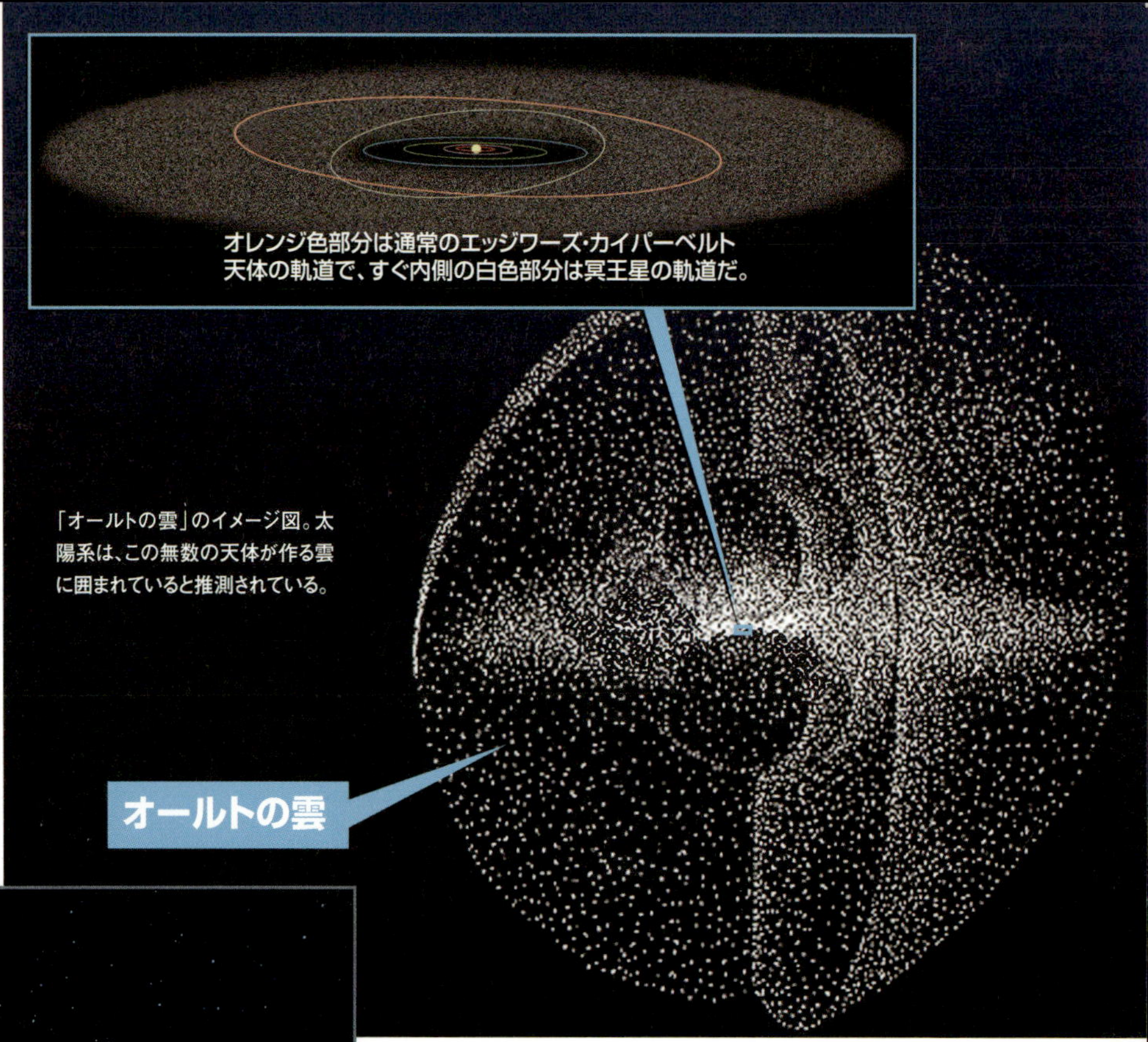

オレンジ色部分は通常のエッジワース・カイパーベルト天体の軌道で、すぐ内側の白色部分は冥王星の軌道だ。

「オールトの雲」のイメージ図。太陽系は、この無数の天体が作る雲に囲まれていると推測されている。

彗星はエッジワース・カイパーベルトやオールトの雲など、「彗星の巣」のようなところからやってくると考えられている。

(単に「カイパーベルト」と呼ばれることもある)」や、その先にある「オールトの雲」に属する天体の総称だ。

エッジワース・カイパーベルトは、アメリカの天文学者、カイパーが1951年に発表した論文と、アイルランドの天文学者エッジワースが1943年と1949年に発表した論文により、その存在が予測されていた小天体の集まりだ。エッジワースは、海王星軌道よりも外側に「彗星の巣」のような領域があり、そこから太陽の重力に捕捉された天体が彗星になるのではないかと考えた。

現在では、200年以下の短周期彗星はエッジワース・カイパーベルトから、それ以上の長い周期を持つ彗星はオールトの雲からやってくるものと考えられている。

オールトの雲(あるいは「オールト雲」)は、オランダの天文学者オールトが1950年代に発表した論文で言及した領域で、太陽から数百~数万天文単位（AU）離れた場所に、太陽系をすっぽりと包む形で存在すると考えられている。ただし、その存在はまだ確認されていない。また、オールトの雲には木星よりも大きな天体が存在し、それが新しい太陽系第9番惑星だとする説もある。

2015年には、NASAの探査機「ニューホライズンズ」が冥王星付近に到達し、観測を始める予定だ。観測がうまくいけば、太陽系外縁部についてもっと知ることができるだろう。

NASAが冥王星を含む太陽系外縁天体を探査するため、2006年1月に打ち上げた「ニューホライズンズ」（想像図）。2015年7月に冥王星の観測を開始し、いずれは太陽系を脱出する計画だ。

どこまでが太陽系の範囲になる？

かつて、太陽系の果ては冥王星軌道とされていた。しかし、冥王星よりもさらに外側に太陽系外縁天体が発見されたことにより、この考え方は捨てられた。

現在、太陽系の果ては、太陽風が星間物質とぶつかる境界面である「ヘリオポーズ」だと考えられている。太陽からヘリオポーズまでの距離は50～160AUと推定され、太陽風が到達する範囲は「太陽圏（ヘリオスフィア）」と呼ばれる。

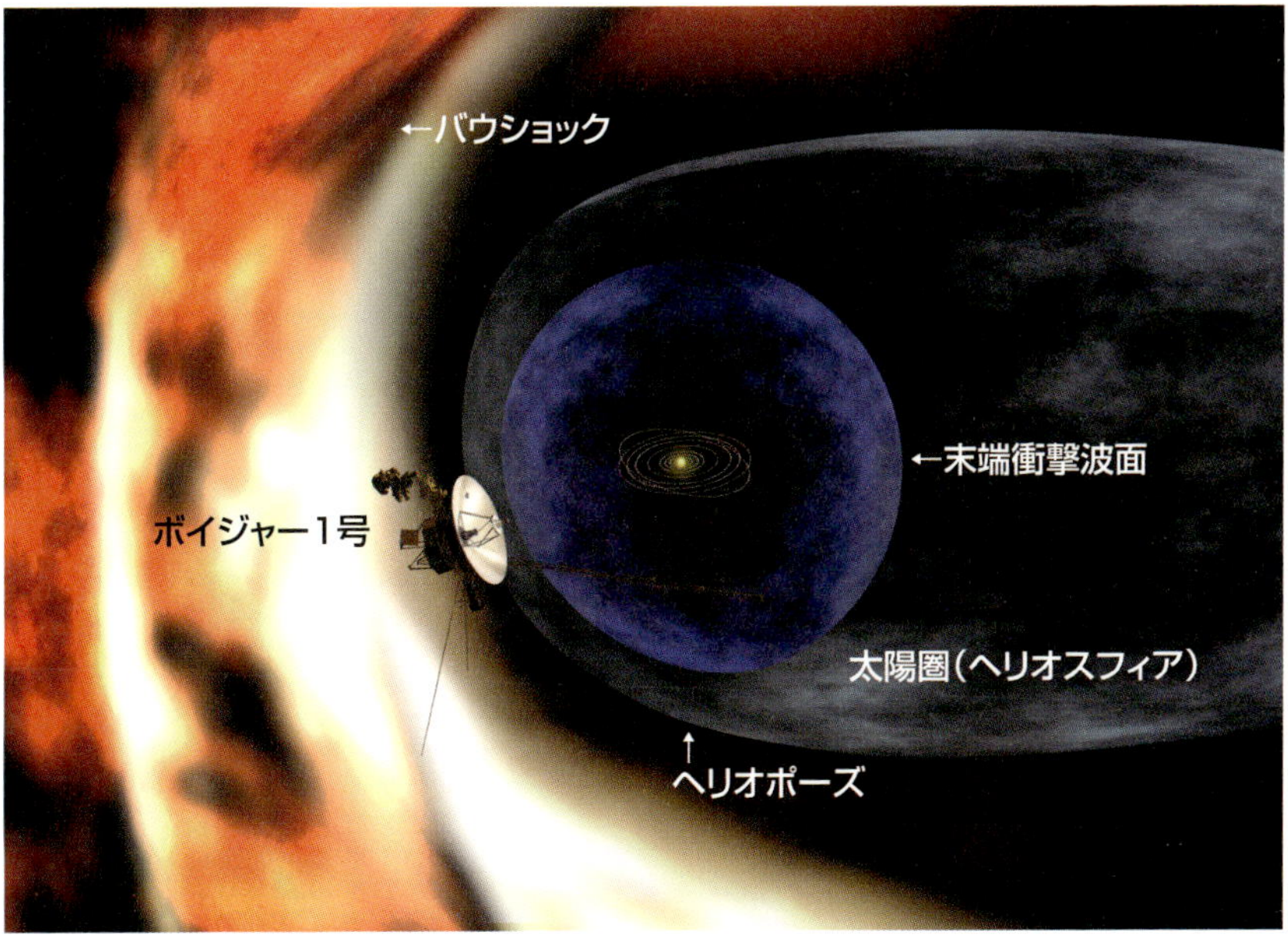

太陽系の果てと「ボイジャー1号」（想像図）。1977年に打ち上げられたボイジャー1号は、2010年末には地球から約174億キロメートルの距離に到達している。同機はこのまま運行を続け、4年以内に太陽圏を脱出する予定だ。

銀河

Galaxy

少しずつ解明が進む星の集合体

りょうけん座にある「渦巻き銀河」M51。すぐそばに伴銀河NGC5195があることから、「子持ち銀河」とも呼ばれる。いくつもの腕が伸びた美しい渦巻形の姿は、私たちがイメージする銀河の一般的な形といえる。

多くの恒星が集まってできた銀河

太陽のような恒星や星間物質が、重力的にまとまった天体の集まりを「銀河」という。ひとつの銀河には、数百億から数千億個の恒星が含まれる。古くは「島宇宙」と呼ばれたこともあった。また、観測技術が発達していなかったころは、銀河も星雲もぼんやりとした星の光としてしか観測されなかったため、現在の「アンドロメダ銀河」を「アンドロメダ星雲」としていたように、それらを総称して「星雲」と呼んでいた。

現在では、星間ガスで構成された星雲と、星々からなる銀河は区別される。なお、私たちの住む太陽系を含む銀河は、他の銀河と区別するために「銀河系」、あるいは「天の川銀河」と呼ばれる。

銀河系の隣に位置するアンドロメダ銀河（M31）。肉眼でも確認できるほどの明るさを持つ。

エリダヌス座のNGC1300。渦巻銀河と同じ特徴が見られるが、中心部に棒状の構造を持つため、「棒渦巻銀河」と呼ばれる。銀河系もこのタイプと考えられている。

分類される。

銀河の形は4種類に分類できる

天文学者のエドウィン・ハッブルは、観測結果から銀河を4つに分類した。

まず、アンドロメダ銀河のように、中心の周囲を渦巻くように星や星間物質が回転している銀河を「渦巻銀河」と呼ぶ。

真横から見ると凸レンズのような形状をしており、回転の中心部には、「バルジ」という盛り上がった部分があり、比較的古い恒星が多い。バルジの外側にある薄い円盤部分は「ディスク」と呼ばれ、何本もの腕が伸びたような構造は、回転するネズミ花火から飛び散る火花の様子に似ているといえる。ディスクやバルジの外側は「ハロー」と呼ばれる領域が広がっており、そこにも数百個の球状星団が存在し、銀河を周回している。

渦巻銀河には、中心部が棒状、あるいは棒が突き抜けたような構造を持つ「棒渦巻銀河」もある。私たちの住む銀河系は渦巻銀河と考えられてきたが、最近では棒渦巻銀河とする説が有力だ。

渦巻銀河に似ているが、ディスク部分に腕がない銀河は「レンズ状銀河」と呼ばれ、区別されている。また、銀河自体がほとんど回転しておらず、ディスクとバルジの区別がほとんどない銀河は、「楕円銀河」と呼ばれる。これまで楕円銀河には若い星が観測されなかったために、星間物質が失われて星が作られなくなった銀河と考えられてきた。しかし、近年になり若い星も発見されたことで、銀河が合

銀河の形は渦巻銀河のほかに「レンズ状銀河」（右／NGC5866）、「楕円銀河」（中／NGC1132）、「不規則銀河」（左／NGC1427A）

体した結果なのではないかとも推測されている。

そして、上記3つの分類に当てはまらない銀河は「不規則銀河」と呼ばれる。

銀河の中心には何がある?

私たちの銀河系の大きさはおよそ10万光年で、その中心には大質量のブラックホールが観測されている。また、多くの銀河の中心には大質量ブラックホールの存在が確認されているため、すべての銀河は中心に大質量ブラックホールを持つのではないかと考えられている。

広大な宇宙の中にあって、それぞれが遠く離れているイメージのある銀河だが、意外にも銀河同士の衝突はめずらしいことではない。銀河系と隣に位置するアンドロメダ銀河とは、およそ230万光年の距離があるが、両者は毎秒300キロメートルの速度で近づきつつあり、30億～40億年後にはふたつの銀河が衝突すると考えられている。

衝突し歪む銀河

ヘラクレス座のNGC6050とIC1179というふたつの渦巻銀河が衝突し、互いの腕がもつれたような状態になっている。

おおぐま座方向にあるArp148。銀河同士が衝突した勢いで、銀河の物質が外側に放出している。

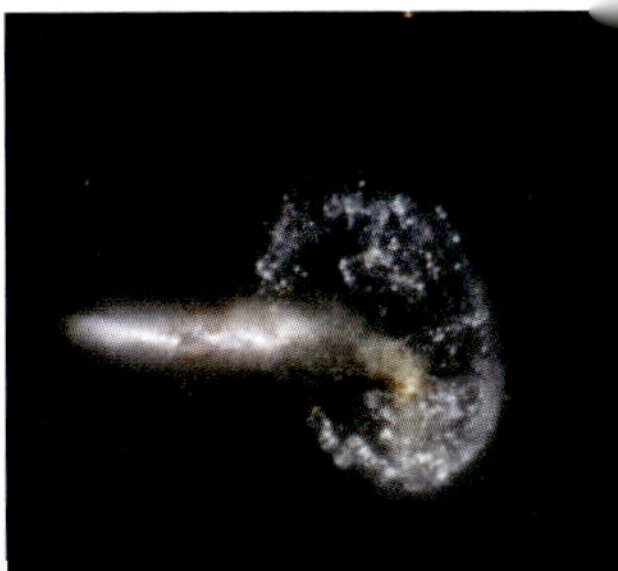

星雲

Nebula

星が生まれては消える神秘の空間

宇宙を彩る絵画のような星雲

ハッブル宇宙望遠鏡によって撮影された「星雲」の画像を、あなたは見たことはあるだろうか。それは、人が描いた絵画か、精密なコンピューターグラフィックスではないかと思わせるほどの美しさだ。

その色彩あふれる星雲の正体は、宇宙空間に漂う塵や星間ガスが集まったもので、「星間分子雲」とも呼ばれる。そして、まさに自然が生んだアートともいえる星雲は、同時に星々が誕生する場所でもある。

塵や星間ガスが重力によって凝縮していくと、恒星の前段階である「原始星」が生まれる。

恒星はひとつずつ生まれるのではなく、同じ領域の中で数十から数百の恒星がいっきに誕生する。こうした若い恒星の集団を「星団」と呼ぶ。

いて座にある三裂星雲（M20／NGC6514）。星雲が3つに裂けているように見えることからその名がついている。青い部分は反射星雲、ピンクの部分は輝線《きせん》星雲と、異なる性質を持っている。

オリオン座にあるオリオン大星雲（M42／NGC1976）。可視光で観測できる散光星雲だが、ハッブル宇宙望遠鏡とスピッツァー宇宙望遠鏡により、紫外線と赤外線も合わせて撮影すると、無数の恒星とガスや塵が作った幻想的な光景が浮かび上がる。

明るく輝く星雲と光を隠す暗い星雲

星雲は「散光星雲」と「暗黒星雲」のふたつに分けられる。散光星雲は可視光で観測できる星雲で、さらに自ら発光している「輝線《きせん》星雲」と、近くにある恒星に照らされて光る「反射星雲」に分類される。恒星が終焉を迎えるときに起きる超新星爆発の残骸も、輝線星雲として扱われることがある。

へび座のわし星雲（M16／NGC6611）の中心部にある、「創造の柱（Pillars of Creation）」と呼ばれる暗黒星雲。わし星雲自体は散光星雲だが、内部には創造の柱をはじめ、特徴的な暗黒星雲が存在する。

一方、暗黒星雲は可視光を発していない星雲で、星間ガスなどによって背景の星や銀河の光を吸収してしまう。背後の恒星などによって照らされることで、はじめてその形が浮かび上がるのだ。暗黒星雲の内部で恒星が誕生し、その光に照らされて光る領域が散光星雲であるという言い方もできる。

以前は、星雲・星団と銀河は区別されず、同じ天体として扱われてきた。だが、観測装置の発達により、現在では星雲・星団と銀河は区別されるようになっている（54ページ参照）。

あのヒーローの故郷 M78星雲は実在する！

ウルトラマンの故郷、光の国があるという「M78星雲」。もちろんウルトラマンはいないが、M78はオリオン座付近に実在する。では、このM78とは何を意

オリオン座の3つ星の近くにある馬頭星雲。暗黒星雲の代表格として有名で、馬の頭に似た形から名づけられた。

おうし座のかに星雲（M1／NGC1952）。1054年に超新星爆発を起こした残骸で、その様子は世界中で観測され、中国や日本でも記録に残されている。現在でも膨張を続けており、刻々とその姿を変えている。

味する番号なのだろうか？

　これは、18世紀のフランスの天文学者メシエが、彗星を発見するために、彗星と見間違えやすい星雲や星団のカタログを作成した際につけた番号で、頭につくMはメシエの頭文字を取ったものだ。たとえば、かに座星雲はM1、プレアデス星団はM45として記載されている。

　この星雲や星団のカタログは「メシエカタログ」と呼ばれ、これに記載されている天体を「メシエ天体」という。

　ところが、メシエカタログはフランスで作成されたために、南半球からしか見えない天体は記載されていない。そのうえ誤記もあったため、現在、星雲や星団などを表す際には、アイルランドの天文学者ドライヤーが1888年に発表した「ニュー・ジェネラル・カタログ（NGC）」をもとに、1973年に精度を上げて作成された「Revised NGC（RNGC）」が用いられている。先のメシエカタログにも記載されていた星雲や星団は、MとNGCの両方の番号を持つ。

COLUMN 1
遠い宇宙を見つめるふたつの「目」

宇宙に浮かぶ巨大な望遠鏡

本書にもたびたび登場する「ハッブル宇宙望遠鏡」は、地上約600キロメートルの上空に浮かぶ、長さ13・1メートルの巨大な望遠鏡だ。1990年にスペースシャトルの「ディスカバリー号」で打ち上げられて以来、数多くの成果を挙げてきた。本書に掲載されている美しい星雲や銀河の写真などは、その成果のほんの一部だ。

そもそも、なぜ宇宙に望遠鏡を設置するのか？

それは、地上からでは、大気や空気中の塵、都市部の照明などの影響で高精度の観測ができないからだ。ハワイ島のマウナ・ケア山に国立天文台が観測所を設けているのも、少しでも精度の高い観測をするためだ。その点、宇宙空間であれば観測に邪魔な大気もない。

ハッブル宇宙望遠鏡

しかし、宇宙空間の環境は過酷なうえ、もし故障したとしても簡単には修理できない。実際、打ち上げ直後のハッブル宇宙望遠鏡は、期待していたほどの観測結果が得られなかった。ある部品の位置が数ミリずれたことが原因と思われたが、すでに600キロメートル上空にあるものを分解して調べるわけにもいかず、画像処理ソフトウェアを修正することで対応した。その後もいくつかのトラブルに見舞われたが、スペースシャトルによる改修などによって乗り越えてきた。

現在のところ、ハッブル宇宙望遠鏡は2014年までの運用が決まっている。そして、同年にはその後継となる「ジェイムズ・ウェッブ宇宙望遠鏡」の打ち上げも予定されている。

ミッションは新惑星の発見

ハッブル宇宙望遠鏡は、宇宙が膨張していることを発見した天文学者エドウィン・ハッブルにちなんで名づけられた。一方、天体運動に関する「ケプラーの法則」を提唱した天文学者ヨハネス・ケプラーの名を冠する望遠鏡も宇宙で観測を行っている。正確には望遠鏡ではなく、太陽系外惑星を見つけるための探査機「ケプラー」がそれだ。

2009年に打ち上げられたケプラーは、いくつもの太陽系外惑星を発見している。まだ確認はされていないが、地球に近い大きさでハビタブルゾーンにある惑星の候補もある。地球に似た環境の惑星があれば、人類と似たような生命が生まれている可能性もあるだろう。

新たな発見を目指して、ハッブル宇宙望遠鏡とケプラーは今日もその「目」を遠い宇宙に向けているのだ。

系外惑星探査機「ケプラー」

Part 2

世界と日本の宇宙開発

人類は遥か昔から夜空を見上げ、天体を観測し、宇宙の謎に挑んできた。やがてロケット技術を手に入れたことで、それまで地上から望遠鏡で眺めることしかできなかった宇宙へ、探査機や人間を送り出すことが可能になった。そして、２０１１年7月には国際宇宙ステーション（ＩＳＳ）が完成し、人間が宇宙空間に長期間滞在できるまでになっている。

ロケットはいつ生まれたのか、人類はどうやって宇宙に進出していったのか、そして今後はどんな宇宙計画を立てているのか——この章では、世界と日本が歩んできた宇宙開発の歴史と将来について見ていこう。

人類が宇宙へ旅立つまでの歩み

武器から始まったロケットの歴史

ロケットの原型は10世紀ごろから

　ロケットの歴史は古く、10世紀ごろの中国にあった「火箭《かせん》」、あるいは「火槍《かそう》」と呼ばれた武器が原型だといわれている。これらはモンゴル軍との戦いで使用された記録があり、その後、モンゴル軍も13世紀後半の元寇《げんこう》の際に用いていた。

　火箭は黒色火薬を使用した、今でいうところの固体燃料ロケットだが、誘導もされず回転もしないロケット花火のようなものだった。

　18世紀後半に起きたマイソール戦争では、インドのマイソール王国が東インド会社（イギリス植民地軍）に対して、鉄製のロケットを使用。そのロケットを持ち帰ったイギリスは、19世紀初頭に「コングリーヴ・ロケット」として完成させ、ナポレオン戦争や米英戦争で使用している。

　日本でも、元寇で使われた火箭が、戦国時代には「狼煙《のろし》」として利用されていた。現在でも行われている、ロケット花火を

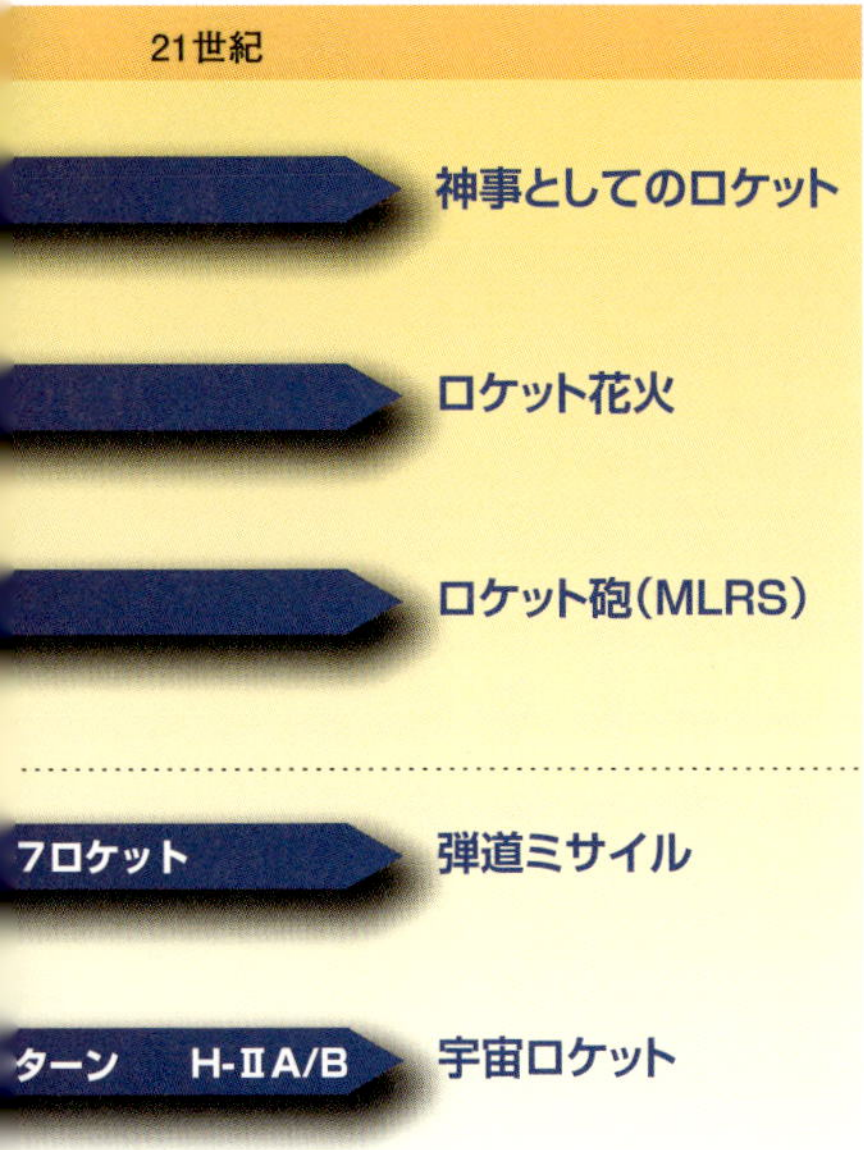

「蒙古襲来絵詞《もうこしゅうらいえことば》」（前巻・第23紙）より。文永の役（1274年）の「鳥飼潟《とりかいがた》の戦い」の様子を表した場面に、炸裂する「てつはう」が描かれている。これは現代の炸裂弾のようなものと考えられている。

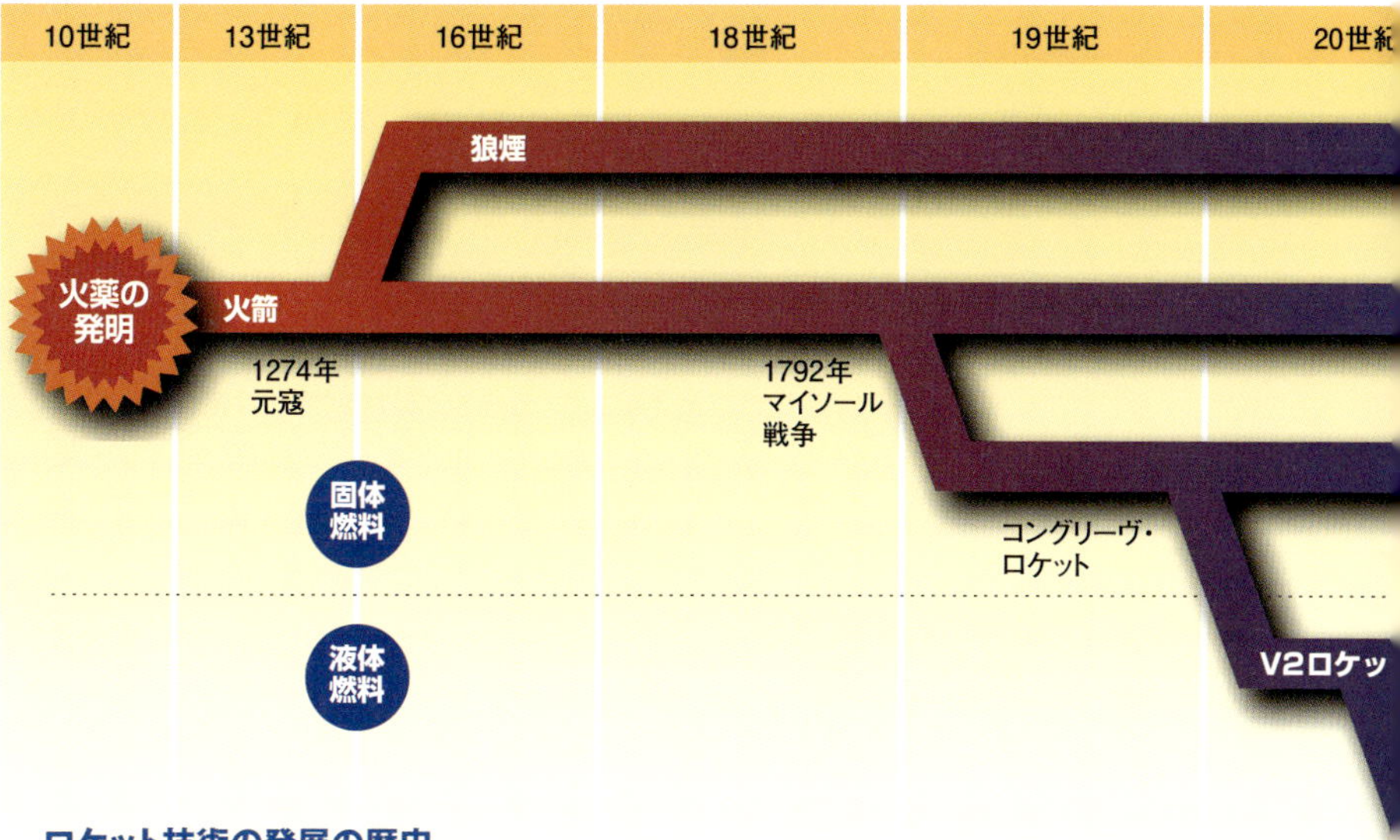

ロケット技術の発展の歴史

打ち上げる神事（祭り）は、その名残ともいわれている。

近代ロケットの誕生と発展

近代ロケットが登場したのは19世紀後半のことだ。ソ連の科学者、コンスタンチン・ツィオルコフスキーが最初のロケット理論を完成し、ロケットが宇宙まで飛べることを計算で明らかにした。彼はまた、世界で初めて宇宙ステーションを考案した人でもあり、「宇宙旅行の父」とも呼ばれている。

一方、「近代ロケットの父」と呼ばれているのは、アメリカのロバート・ハッチンス・ゴダー

イギリス軍が使用していた「コングリーヴ・ロケット」。初期のロケット砲で、巨大なロケット花火のようなものだった。

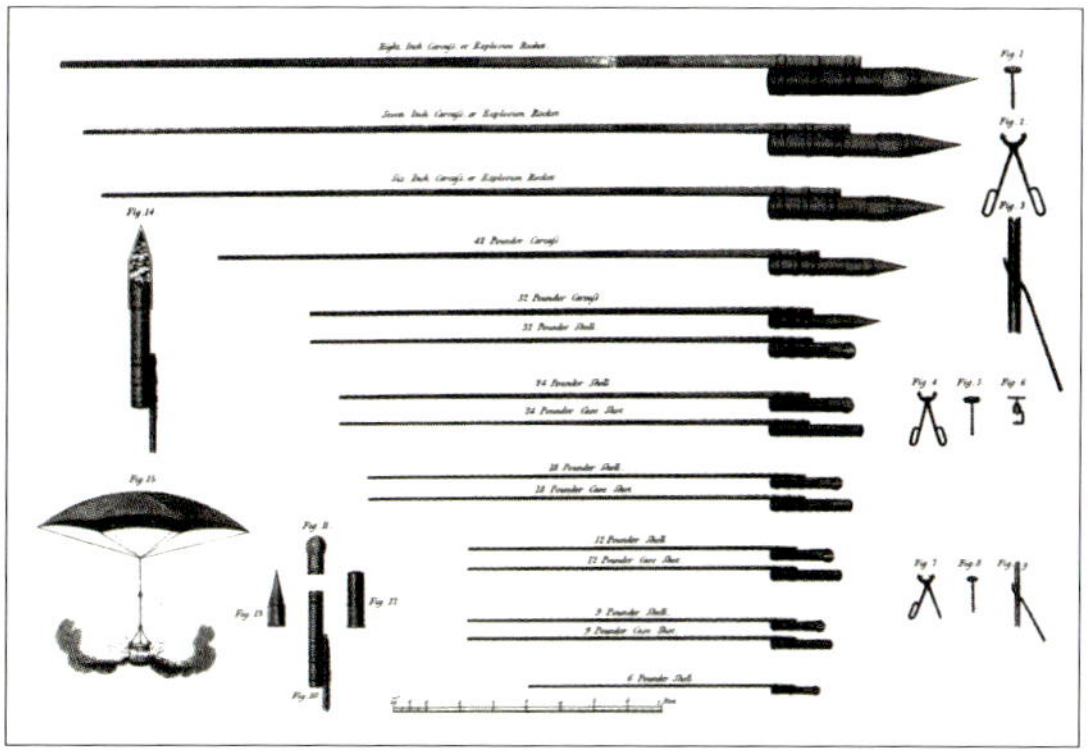

1812年に勃発した米英戦争で、海上からコングリーヴ・ロケットを打ち込むイギリス艦隊。

ドだ。彼は1926年に世界初の液体燃料ロケットを打ち上げている。

　1942年には、ドイツでヴェルナー・フォン・ブラウンやヴァルター・ドルンベルガーらが中心となって開発した、V2ロケットが打ち上げられた。このV2ロケットは実用的な液体燃料ロケットで、世界初の弾道ミサイルでもある。

　第2次世界大戦が終結すると、V2ロケットにかかわった専門家たちの多くはアメリカに渡った。フォン・ブラウンもその中のひとりで、アメリカ陸軍での弾道ミサイル研究を経て、のちに新設されたNASAのマーシャル宇宙飛行センター初代所長となり、サターンロケットの開発に携わった。

ロケット技術の開発と発展に大きく貢献したヴェルナー・フォン・ブラウン。

自身が開発した世界初の液体燃料ロケットと写るロバート・ハッチンス・ゴダード。

ロケットとミサイルの違いとは？

「これだと、ロケットの歴史じゃなくてミサイルの歴史じゃないか」と思う読者もいることだろう。実はロケットとは本来、推力を生むエンジンの形式なのだ。それがいつしか、ロケットエンジンを使って推進する飛しょう体を指す言葉となったのである。

　一方のミサイルは、日本語では「誘導弾」と呼ばれることからもわかるように、誘導装置を搭載した飛しょう体兵器を意味する。そして、ミサイルの中には、ロケットエンジンではなく、

ジェットエンジンを搭載したものも存在する。

要するに、ミサイルの歴史はロケット（エンジン）の歴史であり、ロケットの歴史はミサイルの歴史でもあるといえる。両者が明確な違いを見せるのは、米ソの宇宙開発競争が始まってからだろう。

第2次世界大戦中、ドイツで開発されたV2ロケット。世界初の軍事用液体燃料ロケットで、この技術が礎《いしずえ》となり、人類の宇宙進出の夢は現実となった。

世界の主なロケット

世界各国では、これまでにさまざまなタイプのロケットが開発されてきた。貨物、人工衛星、探査機、宇宙船など、打ち上げる対象や用途に応じて、ロケットのサイズや性能は異なる

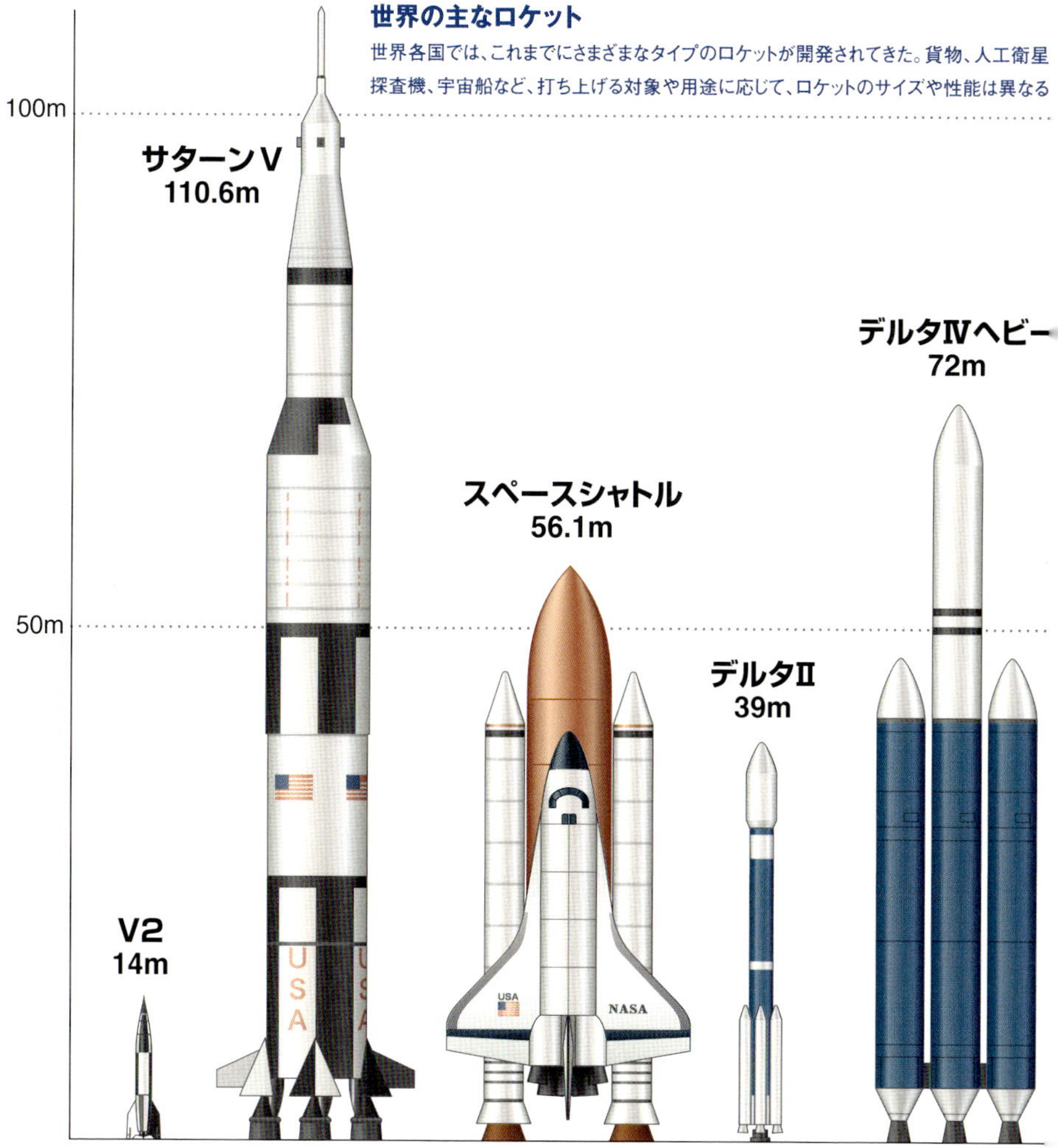

アメリカとソ連の「宇宙戦争」

冷戦が原動力となった宇宙開発

冷戦構造の確立と宇宙開発競争の始まり

第2次世界大戦後、ソビエト連邦（ソ連）を代表とする社会主義の東側諸国と、アメリカを代表とする民主主義の西側諸国という、いわゆる米ソ冷戦の対立構造が確立した。そして、アメリカとソ連は、経済や文化、スポーツなど、直接戦火を交える以外のあらゆる分野で優劣を競っていた。

そんな中、終戦末期に登場したV2ロケットから始まった大型のロケット技術は、直接敵国に届く兵器として、あるいは核兵器の運搬手段として、アメリカとソ連の双方で研究が進められていた。

一方で、ロケットによる宇宙開発、人工衛星や宇宙探査、宇宙旅行というテーマは、大戦後の疲弊した人々に夢を与え、きたるべき新世界への希望の象徴となっていた。ロケット技術開発は、軍事的に優位に立つという目的以外に、人々へのプロパガンダとしても利用されたのだ。

1945年2月に、アメリカのルーズベルト、イギリスのチャーチル、ソ連のスターリンによって行われたヤルタ会談。第2次世界大戦後の処理について話し合う会談だったが、のちの東西冷戦体制のきっかけともなった。

ロシアが打ち上げた世界初の人工衛星「スプートニク1号」。直径58センチのアルミニウム製球体で、重さは83.6キログラム。96.2分で地球を1周した。打ち上げから3か月後の1958年1月4日に大気圏へ突入し燃え尽きた。

アメリカを襲った「スプートニク・ショック」

宇宙開発競争で先行したのは

「スプートニク2号」を搭載したR-7ロケット。スプートニク2号にはライカという名の犬が載せられていた。

ソ連だった。1957年10月4日、世界初の人工衛星「スプートニク1号」を、弾道ミサイルを改造したR-7型ロケットで打ち上げ、地球周回軌道に送り込むことに成功したのだ。

当時、ソ連をはじめとする東側諸国は「鉄のカーテン」という言葉が生まれるほど閉鎖性が高く、情報が秘匿《ひとく》されていた。そのため、スプートニク1号の成功は突然の出来事として、西側諸国に大きな衝撃を与えた。

特に、当時ソ連に対し優位に立っていると考えていたアメリカは、その自信を打ち崩され、それまでの政策を転換せざるをえなくなってしまった。スプートニク1号の打ち上げ成功とその影響は、「スプートニク・ショック」（あるいは「スプートニク危機」）と呼ばれており、そこからアメリカとソ連による宇宙開発競争が始まったとされている。

The Huntsville Times

Man Enters Space

'So Close, Yet So Far,' Sighs Cape

U.S. Had Hoped For Own Launch

Soviet Officer Orbits Globe In 5-Ton Ship

Maximum Height Reached Reported As 188 Miles

Hobbs Admits 1944 Slaying

Praise Is Heaped On Major Gagarin

Reds Win Running Lead In Race To Control Space

ガガーリンの有人飛行を報じる新聞記事。

負けつづけるアメリカが打った起死回生の一手

アメリカは、1959年にアメリカ航空宇宙局（NASA）を設立し、情報と技術を一元化することでソ連に対抗しようとした。だが、ソ連は常に一歩先

人類初の有人飛行を成功させたユーリ・ガガーリン。労働者階級出身の空軍パイロットであったガガーリンは、宇宙飛行成功後、ソ連の広告塔となる。飛行に成功した4月12日は、ソ連の祝日となった。

を進んでいた。1959年1月に月へ向けて「ルナ1号」を打ち上げ、同年9月には「ルナ2号」を月面に衝突させることに成功、続く「ルナ3号」では月の裏側の撮影にも成功したのだ。

そして、1961年4月12日、「ボストーク1号」によって、ソ連はついに人類初の有人宇宙飛行にも成功する。最初の宇宙飛行士となったユーリ・ガガーリンを載せた宇宙船は、地球を周回した後、ロシアの牧場に着陸した。帰還後にガガーリンが語ったとされる「地球は青かった」という言葉は、瞬く間に世界中に広まった。

スプートニク・ショック以降、さまざまな宇宙開発計画を実行してきたアメリカは、いくつかの失敗も経験しつつ着実に技術力を高めていたが、人工衛星の打ち上げに続き、有人宇宙飛行でもソ連に遅れを取ってしまった。

そこでアメリカは、宇宙開発における劣勢をいっきに覆すべく、月に人類を送り込むという壮大な構想——「アポロ計画」を発表する。

月探査機「ルナ1号」。月の方向へ打ち上げられた初の探査機で、当初の目的であった月面への衝突は果たせなかったものの、月の近傍を通過し、月に磁場がないことを発見している。

月探査機「ルナ3号」。

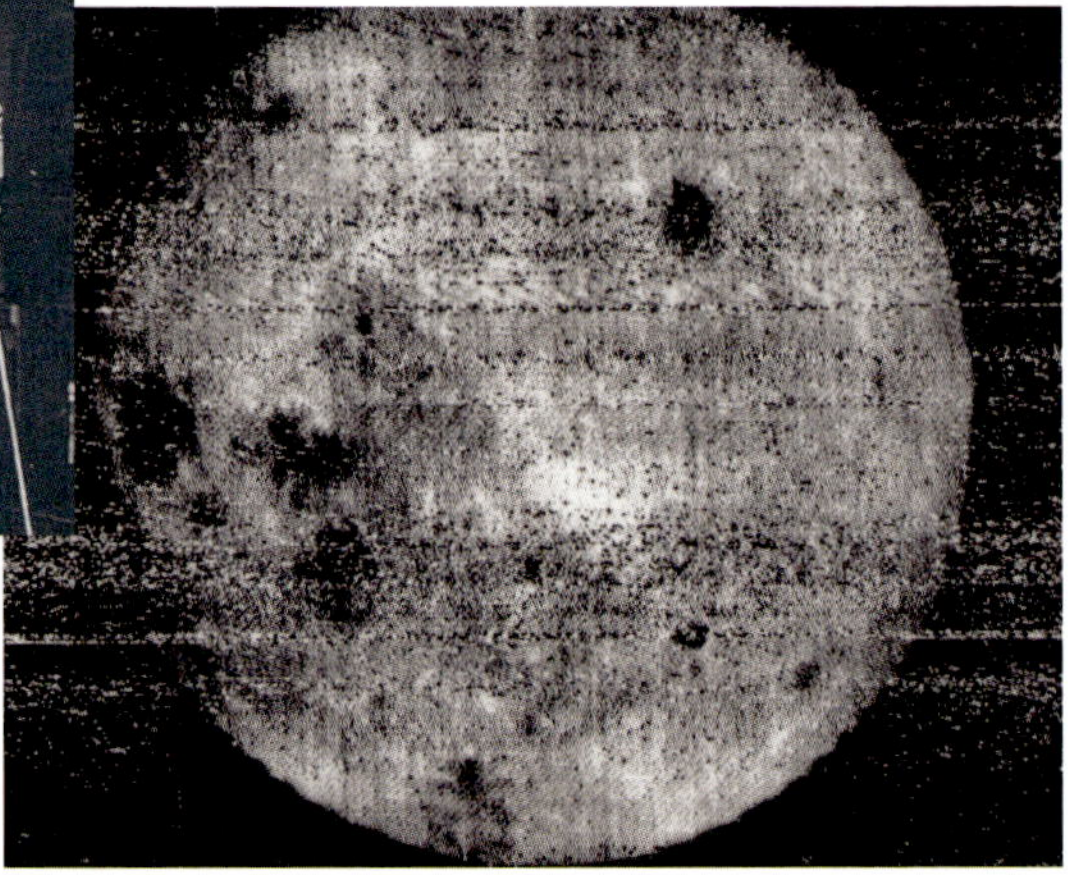

1959年10月7日、ルナ3号が初めて捉えた月の裏側の画像。それまで、地上からは月の裏側の観測ができなかったため、月の研究にとっても大きな成果となった。

アメリカとソ連の宇宙開発競争

1950年代後半から1970年代初頭にかけて、熾烈《しれつ》な宇宙開発競争を繰り広げていたアメリカとソ連。「スプートニク1号」の打ち上げ成功、「ルナ」シリーズによる月探査の成功など、しばらくはソ連が常にアメリカをリードしていたが、巻き返しを図るべく体制を整えるアメリカに対し、ソ連は計画経済の行き詰まりから次第に宇宙技術開発に十分な資金を投入できなくなり、やがて両者の技術力は逆転していった。

実施国	実施年月日	成果	探査機・宇宙船名など
	1957年8月21日	大陸間弾道ミサイル発射成功	R-7ロケット
	1957年10月4日	人工衛星打ち上げ成功	スプートニク1号
	1957年11月3日	地球周回軌道に犬（ライカ）を打ち上げる	スプートニク2号
	1958年1月31日	人工衛星打ち上げ成功（ヴァンアレン帯の発見）	エクスプローラー1号
	1958年12月18日	通信衛星打ち上げ成功	スコア計画
	1959年1月4日	月近傍を通過（月衝突は失敗）	ルナ1号
	1959年2月17日	気象衛星打ち上げ成功	ヴァンガード2号
	1959年8月7日	宇宙からの地球撮影に成功	エクスプローラー6号
	1959年9月14日	月探査機、月面衝突に成功	ルナ2号
	1959年10月7日	月の裏側の撮影に成功	ルナ3号
	1961年4月12日	有人宇宙飛行に成功	ボストーク1号
	1963年6月16日	女性宇宙飛行士による有人宇宙飛行に成功	ボストーク6号
	1965年3月18日	宇宙遊泳に成功	ボスホート2号
	1965年7月	火星近傍を通過、フライバイに成功	マリナー4号
	1965年12月15日	周回軌道でのランデヴー飛行に成功	ジェミニ6号／7号
	1966年2月3日	月面への軟着陸に成功	ルナ9号
	1966年3月1日	金星地表への探査機投入に成功	ベネラ3号
	1966年3月16日	衛星軌道上でのランデヴー飛行とドッキングに成功（有人）	ジェミニ8号
	1966年4月3日	月周回軌道投入に成功、長期の月観測を実施	ルナ10号
	1966年6月2日	月面着陸に成功	サーベイヤー1号
	1967年10月30日	無人機による自動ドッキングに成功	コスモス186号／188号
	1968年9月18日	小動物を載せた無人宇宙船、月軌道投入に成功	ゾンド5号
	1968年12月24日	有人による月周回に成功	アポロ8号
	1969年7月20日	有人による月面着陸に成功	アポロ11号
	1970年11月17日	ローバー（ルノホート1号）による月面探査に成功	ルナ17号
	1971年4月26日	宇宙ステーションの運用開始	サリュート1号
	1971年11月14日	火星軌道投入に成功	マリナー9号
	1975年7月15日	アポロとソユーズのランデヴーとドッキングに成功	アポロ18号／ソユーズ19号

宇宙史に刻んだ大きな一歩

アメリカの威信をかけたアポロ計画

ソ連に遅れを取っていた宇宙開発分野で形勢を逆転するため、「アポロ計画」を推進したジョン・F・ケネディ大統領。

人類を月へ！アポロ計画の挑戦

宇宙開発競争でソ連にリードを許していた1961年、当時のアメリカ大統領、ジョン・F・ケネディは上下両院合同議会において、今後10年以内に人類を月に着陸させ、安全に帰還させることを表明した。「アポロ計画」が決定した瞬間だ。

実は、アポロ計画が決定される以前から、アメリカは有人月面着陸の構想を描いていた。そのために月の詳細な写真を撮影する「レインジャー計画」、月への軟着陸を行う「サーベイヤー計画」、月面地図を作成する「ルナ・オービター計画」という3つの月探査計画が生み出された。

また、有人宇宙飛行に関しても、「マーキュリー計画」を経て2人乗り宇宙船による「ジェミニ計画」を実施、生命維持技術はもちろん、アポロ計画に必要となるランデブーやドッキング、船外活動、帰還カプセルの着陸技術などを蓄積していったのだ。

「アポロ11号」を搭載したサターンVロケットの打ち上げシーン。

そして人類はついに月へ降り立った

ケネディの演説が行われた時点で、本当に10年以内の有人月面着陸が可能だと考えていた人間は多くなかっただろう。そして実際に、アポロ計画は苦難の道だった。1966年になって、ようやく新型ロケット、サターンIBでの無人弾道実験を実施したが、翌1967年には発射台上での訓練中に火災が発生し、

司令船コロンビアから分離された直後の月着陸船「イーグル」。アポロ計画では、司令船と月着陸船からなる月周回ランデブー方式が採用された。

月面を歩くバズ・オルドリン宇宙飛行士。アポロ11号の乗組員3名のうち、月着陸船イーグルで月面に降り立ったのはニール・アームストロング船長とオルドリンの2名だった。

月面に残された足跡。人類が初めて地球以外の場所へ到達したことを示す、貴重な証でもある。

3名もの尊い命が失われてしまった。

そうした失敗を乗り越え、1968年に「アポロ8号」が有人での月周回飛行に成功。そして、1969年7月20日、ついに「アポロ11号」が史上初の有人月面着陸に成功する。月面に足を降ろしたとき、ニール・アームストロング船長が発した「これはひとりの人間にとっては小さな一歩だが、人類にとっては偉大な飛躍である」という言葉はあまりにも有名だ。

アポロ計画の中止と宇宙開発競争の終焉

アポロ11号の成功に続いて、数々の偉大な業績を残したアポロ計画だったが、有人月面着陸を成功させた後、それまで盛り

荒涼とした風景が広がる月面のパノラマ写真（上）と、月面から地球がのぼる様子（下）。アポロ計画では総数12名が月に降り立ったが、彼らは地球からはうかがい知れない月世界のさまざまな光景をカメラに収めた。

上がっていたロケットブーム、科学ブームが嘘のように、アメリカ国民の関心は急速に薄れていった。

当初は「アポロ20号」まで計画されていた月面着陸も、世論の関心の低さや予算削減などの事情により、１９７２年の「アポロ17号」を最後に計画は中止された。その後、アメリカは宇宙ステーション「スカイラブ計画」、そしてスペースシャトルへと舵を切ることになる。

一方、米ソの冷戦を背景に激しい競争が行われてきた宇宙開発も、１９７０年代に入って米ソ間の緊張が緩和されたことにより終焉を迎えることになる。

宇宙開発競争が終わったのはいつか。それについてはさまざまな意見があるが、１９７５年にアメリカとソ連が共同で行った「アポロ・ソユーズテスト計画」がひとつの終点であると考

月の表面のサンプルを収集する宇宙飛行士（右）と、アポロが持ち帰った月の石（左）。宇宙飛行士たちが集めたたくさんの月の石や砂のおかげで、月の地質研究は格段に進んだ。

アポロ計画のおもな内容と結果

計画名	発射日	乗組員	計画の目標	結果	ミッション
アポロAS-201（アポロ1A）	1966年	無人	弾道飛行	一部成功	司令船および機械船の打ち上げ試験
アポロAS-203（アポロ2号）	1966年	無人	地球周回飛行	成功	ロケットの性能試験
アポロAS-202（アポロ3号）	1966年	無人	弾道飛行	成功	司令船の大気圏再突入試験
アポロ1号	1967年	有人	地球周回飛行	発射中止	発射台上での訓練中に火災事故が発生
アポロ4号	1967年	無人	地球周回飛行	成功	人が搭乗可能な機体での初の打ち上げ試験
アポロ5号	1968年	無人	地球周回飛行	成功	月着陸船の初の試験飛行
アポロ6号	1968年	無人	地球周回飛行	一部成功	エマージェンシー時のデータを採取する実験は失敗
アポロ7号	1968年	有人	地球周回飛行	成功	アポロ計画における初の有人飛行
アポロ8号	1968年	有人	月周回飛行	成功	人類初の月周回飛行に成功
アポロ9号	1969年	有人	地球周回飛行	成功	アポロ計画における初の船外活動
アポロ10号	1969年	有人	月周回飛行	成功	月着陸船の性能試験
アポロ11号	1969年	有人	月面着陸	成功	人類初の月面着陸に成功／月の物質を21.7kg採取
アポロ12号	1969年	有人	月面着陸	成功	月の物質を34.4kg採取
アポロ13号	1970年	有人	月面着陸	失敗	月に向かう途中で機械船の酸素タンクが爆発
アポロ14号	1971年	有人	月面着陸	成功	月面を初めてカラー映像で撮影
アポロ15号	1971年	有人	月面着陸	成功	初の月面長期滞在（3日間）
アポロ16号	1972年	有人	月面着陸	成功	月の高地を探索
アポロ17号	1972年	有人	月面着陸	成功	最後の月面着陸
アポロ・ソユーズテスト計画	1975年	有人	地球周回飛行	成功	ソ連の宇宙船ソユーズ19号とランデヴー実験
アポロ18号／19号／20号	―	―	―	キャンセル	予算削減のため計画中止

えられている。アポロ・ソユーズテスト計画は、アメリカの「アポロ18号」とソ連の「ソユーズ19号」が地球周回軌道上でドッキングし、両船の乗組員が交流するという、両国の緊張緩和を象徴したようなミッションだった。

そして、1991年のソ連の崩壊という歴史的な出来事を挟み、世界の宇宙開発は競争から協調へと変化していく。

ドッキングする「アポロ18号」と「ソユーズ19号」（想像図）。アメリカとソ連が共同で行った「アポロ・ソユーズテスト計画」は、宇宙開発競争の終わりを告げ、新たな時代の到来を感じさせるものだった。

独自の努力で歩んだ道のり
ゼロからスタートした日本の宇宙開発

困難な環境下で生まれたペンシルロケット

第2次世界大戦時に開発されたドイツのV2ロケットによって、アメリカとソ連（当時）を中心に本格的なロケット開発が始まった。だが、敗戦後の日本では航空宇宙研究が禁止されており、世界から大きく取り残されることとなる。現在でも、日本の航空宇宙産業が世界から10～20年遅れているといわれるのは、技術の継承や積み重ねが、研究の禁止によっていったん途絶えてしまったからだ。

1951年9月、サンフランシスコ講和条約の締結によって日本が独立すると、航空宇宙関

1951年9月8日、サンフランシスコ講和条約に署名する吉田茂首相。日本と連合国の戦争状態の終結、日本国民の主権の回復などを盛り込んだ同条約の締結により、占領下にあった際のさまざまな制約も解消された。

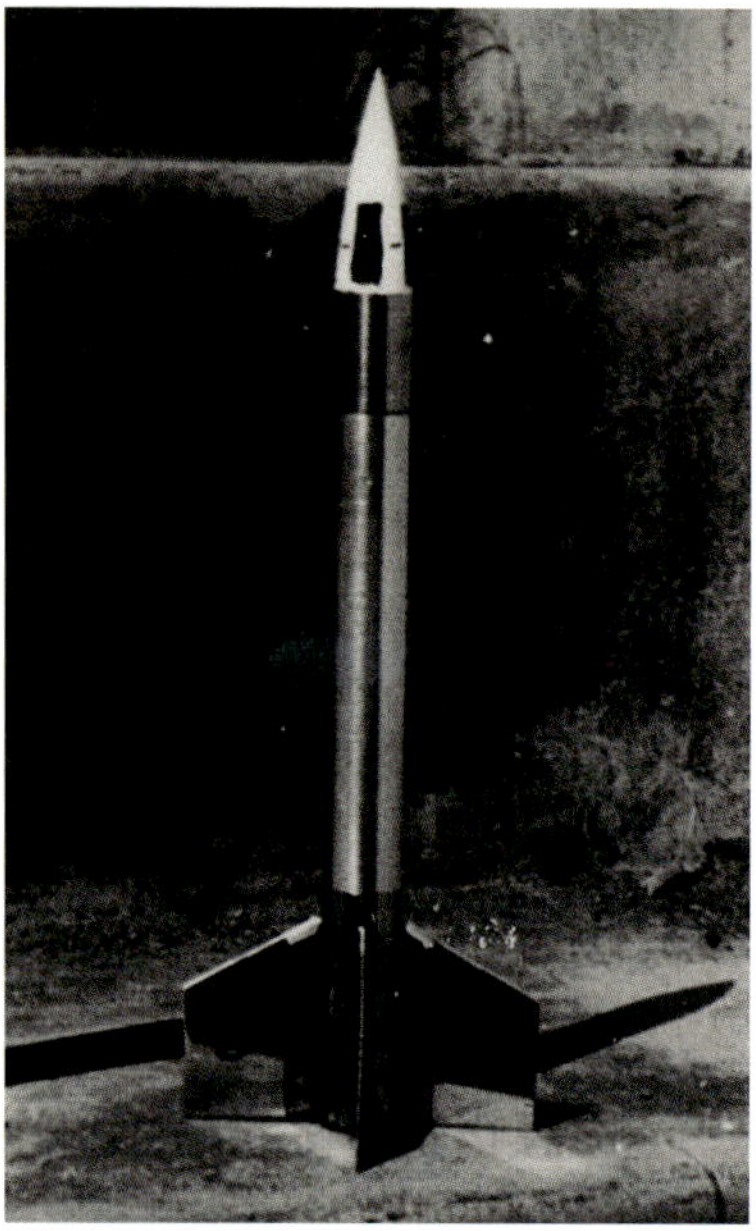

資金も物資も乏しい中で開発された「ペンシルロケット」。長さ23センチ、外径18ミリの小さなボディに、日本の宇宙開発に対する大きな期待が込められていた。

ペンシルロケットの水平発射実験の様子。実験は半地下に掘った壕で行われた。戦後の日本における宇宙開発の歴史は、この実験の成功から始まったといえる。

連の研究開発もようやく再開される。

東京大学生産技術研究所（東大生研）に在籍していた糸川英夫教授は、日本でもロケットの研究を始めようとしたが、当時の日本はまだ「ヒト・モノ・カネ」のない時代だった。

そんな中で苦心して作り上げたのが、長さ23センチ、重さ202グラム、外径18ミリの超小型実験用ロケットである「ペンシルロケット」(開発名：タイニー・ランス）だ。そのボディには敗戦によって廃棄された航空機の材料が使われ、推進剤も戦時中に使用された無煙火薬の流用だった。

糸川英夫教授と「ベビーロケット」。糸川教授は日本のロケットと宇宙開発の父として知られ、小惑星イトカワは彼の功績にちなんで命名された。

観測用ロケット開発の歩み

糸川教授はペンシルロケットによる実験を繰り返し行い、ロケット技術に必要となるデータを集めていった。ただし、ペンシルロケットを打ち上げられる場所がなかったため、実験は水平発射によって行われていた。

ペンシルロケットの斜め上方

ランチャーに設置された「K（カッパ）ロケット」。1956年9月に打ち上げられた初号機は、高度10キロメートルに達した。

への発射実験は、1955年になってようやく実現する。関係者や報道陣が見守る中、実験は成功し、ペンシルロケットは高度600メートルに到達した。

ペンシルロケットによって得た成果は、「ベビーロケット」（開発名：ベビー・ランス）へと受け継がれる。ベビーロケットは長さ120センチ、重さ約10キログラム、外径8センチの2段式ロケットで、S型・T型・R型の3つのバリエーションが作られた。

ベビーロケットの次に「アルファロケット」「ベータロケット」が計画されたが、一部の地上燃焼試験が行われただけで中止された。国際的な研究プロジェクトの国際地球観測年（IGY）に参加するため、高度100キロメートルに到達するロケットが必要となったからだ。そして、本格的な観測用ロケットとして「K（カッパ）ロケット」が開発された。

カッパロケットに続いて開発された「L（ラムダ）ロケット」。人工衛星を打ち上げる性能を持たせるために数々の改良が重ねられ、このL-4Sの5号機で日本初の人工衛星「おおすみ」の打ち上げに成功した。

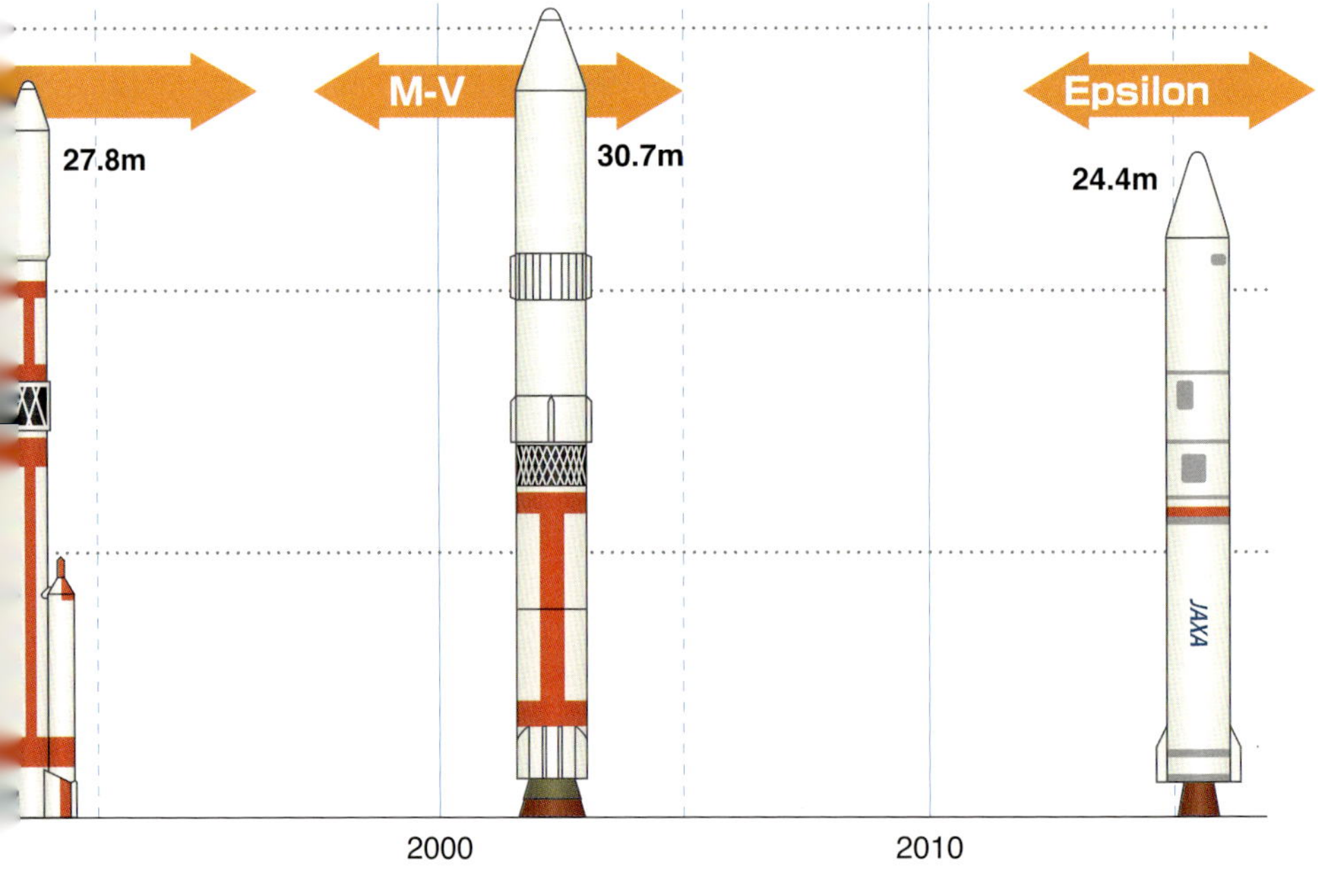

日本初の人工衛星を打ち上げたカッパロケット

カッパロケットは日本初の本格的観測用ロケットとして、1956年9月に最初の打ち上げに成功した。このカッパロケットのバリエーションであるK-9M型は、1961年から1988年までの28年間にわたり、合計81機が打ち上げられている。

人工衛星打ち上げ技術の習得と工学的試験を目的に打ち上げられた人工衛星「おおすみ」。この成功によって、日本はソ連、アメリカ、フランスに次いで、独力で人工衛星を打ち上げた国の仲間入りを果たした。

こうして、ロケット技術の蓄積と実績を積んだ東大生研は、カッパロケットの後継として「L(ラムダ)ロケット」を開発する。高度1000キロメートルの内側ヴァンアレン帯※に届く観測用ロケットとして生まれたラムダロケットは、改良を重ねた末、1970年2月11日、ついに日本初の人工衛星「おおすみ」の打ち上げに成功した。

※ヴァンアレン帯：地球の磁場に捕らえられた荷電粒子（主に電子と陽子）がたまっている領域のこと。内側と外側に区別される。

衛星打ち上げ用国産固体燃料ロケットの歩み

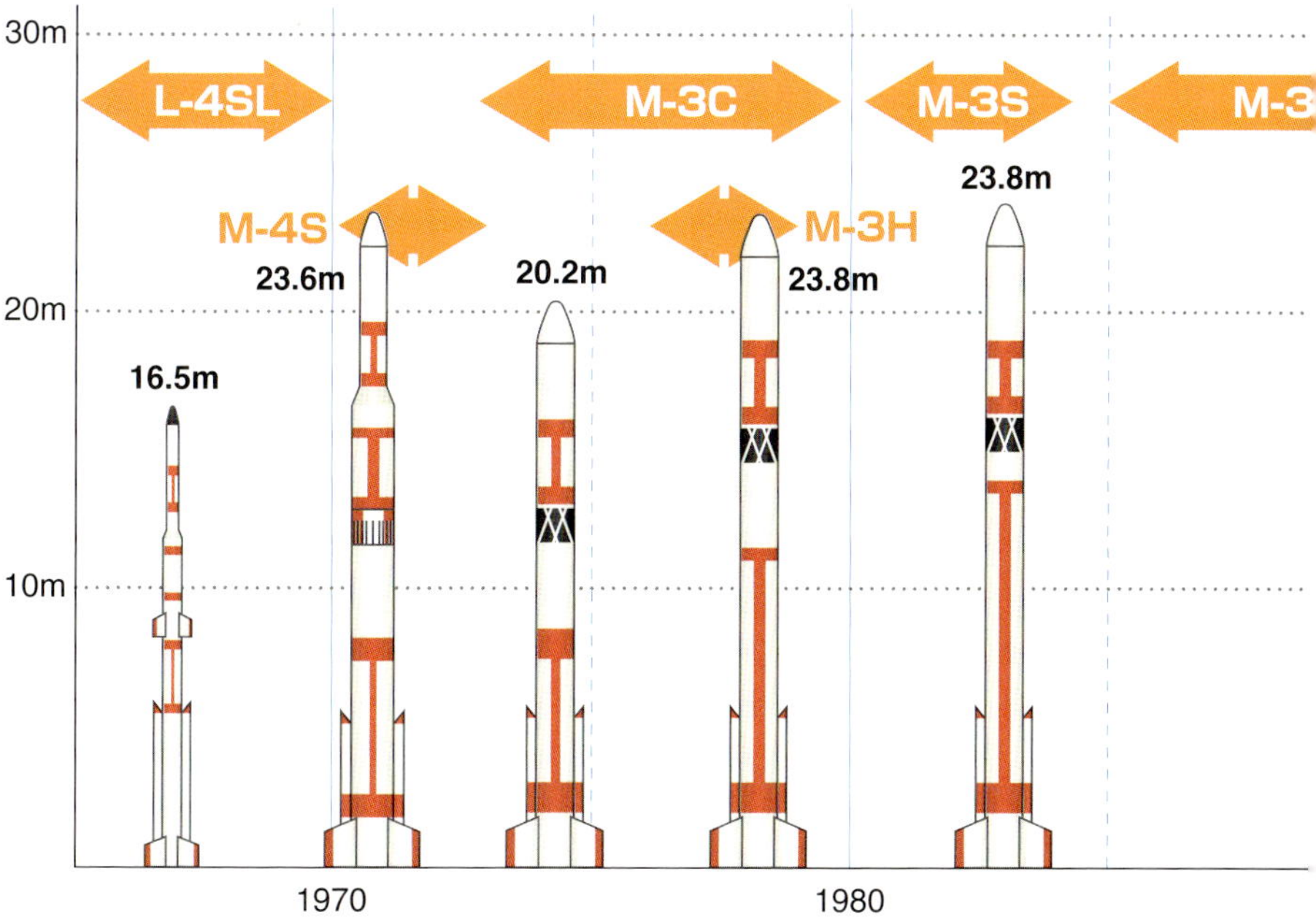

苦難の末に確立した国産の技術

そして世界に誇る「はやぶさ」の成功へ

日本初の液体大型ロケットであるN-Iロケット1号機。1975年9月9日に技術試験衛星「きく1号」を打ち上げ、見事に成功を収めた。

大型ロケットの必要性が高まる

東大生研がカッパロケットを開発し、飛行試験を繰り返していた１９５９年、伊勢湾台風が日本を直撃して大きな被害を与えたことにより、日本独自の気象衛星を求める世論が高まっていた。

日本政府は気象衛星の打ち上げ可能な大型ロケットの開発を目指し、１９６２年に科学技術庁研究調整局航空宇宙課を設置、１９６４年には同部署を発展的に解消して科学技術庁宇宙開発推進本部を設置した。なお、同年に東大は宇宙科学研究所（ＩＳＡＳ）の前身、航空宇宙技術研究所を設立している。

一方、ロケット実験場として数々の候補地から種子島を選定し、１９６８年に種子島宇宙センターが作られた。そして１９６９年、宇宙開発推進本部は宇宙開発事業団（ＮＡＳＤＡ）として新たなスタートを切った。

2007年9月14日、種子島宇宙センターから打ち上げられるH-IIAロケット。種子島の東南端に位置する種子島宇宙センターは日本最大のロケット発射施設で、「世界一美しいロケット基地」ともいわれている。

日本の人工衛星・探査機・補給機一覧

人工衛星※1

名称	打ち上げロケット	打ち上げ日	目的など
おおすみ	L-4SL	1970年2月11日	工学的試験衛星、日本初の人工衛星
たんせい	M-4S	1971年2月16日	機能試験衛星
しんせい	M-4S	1971年9月28日	試験衛星
でんぱ	M-4S	1972年8月19日	電波探査衛星
たんせい2	M-3C	1974年2月16日	試験衛星
たいよう	M-3C	1975年2月24日	超高層大気観測衛星
きく1号	N-I	1975年9月9日	技術試験衛星
うめ	N-I	1976年2月29日	電離層観測衛星、日本初の実用衛星
たんせい3	M-3H	1977年2月19日	試験衛星
きく2号	N-I	1977年2月23日	技術試験衛星
ひまわり	デルタ2914※3	1977年7月14日	地球観測衛星
さくら	デルタ2914※4	1977年12月15日	通信放送実験衛星
うめ2号	N-I	1978年2月16日	地球観測衛星
きょっこう	M-3H	1978年2月4日	オーロラ観測衛星
ゆり	デルタ2914※3	1978年4月8日	通信放送実験衛星
じきけん	M-3H	1978年9月16日	磁気圏観測衛星
あやめ	N-I	1979年2月6日	実験用静止通信衛星
はくちょう	M-3C	1979年2月21日	X線天文衛星
たんせい4	M-3S	1980年2月17日	試験衛星
あやめ2号	N-I	1980年2月22日	実験用静止通信衛星
きく3号	N-II	1981年2月11日	技術試験衛星
ひのとり	M-3S	1981年2月21日	太陽観測衛星
ひまわり2号	N-II	1981年8月11日	静止気象衛星
きく4号	N-I	1982年9月3日	技術試験衛星
さくら2号a	N-II	1983年2月4日	実験用静止通信衛星
てんま	M-3S	1983年2月20日	X線天文衛星
さくら2号b	N-II	1983年8月6日	実験用静止通信衛星
ゆり2号a	N-II	1984年1月23日	実験用静止通信衛星
おおぞら	M-3S	1984年2月14日	中層大気観測衛星
ひまわり3号	N-II	1984年8月3日	静止気象衛星
ゆり2号b	N-II	1986年2月12日	実験用静止放送衛星
あじさい	H-I	1986年8月13日	地測実験衛星
ぎんが	M-3SII	1987年2月5日	X線天文衛星
もも1号	N-II	1987年2月19日	海洋観測衛星
きく5号	H-I	1987年8月27日	技術試験衛星
さくら3号a	H-I	1988年2月19日	実験用静止通信衛星
さくら3号b	H-I	1988年9月16日	実験用静止通信衛星
あけぼの	M-3SII	1989年2月22日	オーロラ観測衛星
ひまわり4号	H-I	1989年9月6日	静止気象衛星
ひてん	M-3SII	1990年1月24日	工学実験衛星、月に到達※
もも1号b	H-I	1990年2月7日	海洋観測衛星
ゆり3号a	H-I	1990年8月28日	実験用静止放送衛星
ゆり3号b	H-I	1991年8月25日	実験用静止放送衛星
ようこう	M-3SII	1991年8月30日	太陽観測衛星
ふよう1号	H-I	1992年2月11日	地球資源衛星
GEOTAIL	デルタII※3	1992年7月24日	磁気圏尾部観測衛星
あすか	M-3SII	1993年2月20日	X線天文衛星
きく6号	H-II	1994年8月28日	技術試験衛星
SFU	H-II	1995年3月18日	宇宙実験・観測フリーフライヤ
ひまわり5号	H-II	1995年3月18日	静止気象衛星
みどり	H-II	1996年8月17日	地球観測プラットホーム技術衛星
はるか	M-V	1997年2月12日	電波天文衛星
きく7号	H-II	1997年11月28日	技術試験衛星、ドッキング実験等
TRMM	H-II	1997年11月28日	熱帯降雨観測衛星
かけはし	H-II	1998年2月21日	通信放送技術衛星
つばさ	H-IIA	2002年2月4日	民生部品・コンポーネント実証衛星
みどりII	H-IIA	2002年12月14日	環境観測技術衛星
こだま	H-IIA	2002年9月10日	データ中継技術衛星
すざく	M-V	2005年7月10日	X線天文衛星
きらり	ドニエプル※5	2005年8月24日	光衛星間通信実験衛星
れいめい	ドニエプル※5	2005年8月24日	小型高機能科学衛星
だいち	H-IIA	2006年1月24日	陸域観測技術衛星
あかり	M-V	2006年2月22日	赤外線天文衛星
ひので	M-V	2006年9月23日	太陽観測衛星
きく8号	H-IIA	2006年12月18日	技術試験衛星
きずな	H-IIA	2008年2月23日	超高速インターネット衛星
いぶき	H-IIA	2009年1月23日	温室効果ガス観測技術衛
IKAROS	H-IIA	2010年5月21日	世界初のソーラーセイル実証実験機
みちびき	H-IIA	2010年9月11日	準天頂測位衛星

日本の探査機

名称	打ち上げロケット	打ち上げ日	目的など
さきがけ	M-3SII	1985年1月8日	惑星間試験探査機、日本初地球重力圏を脱出
すいせい	M-3SII	1985年8月19日	ハレー彗星探査機
のぞみ	M-V	1998年7月4日	火星探査機
はやぶさ	M-V	2003年5月9日	小惑星探査機
かぐや	H-IIA	2007年9月14日	月周回衛星
あかつき	H-IIA	2010年5月21日	金星探査機

日本の補給機

名称	打ち上げロケット	打ち上げ日	目的など
こうのとり1号機	H-IIB	2009年9月11日	HTV実証実験機
こうのとり2号機	H-IIB	2011年1月22日	HTV2号機

※1　ピギーバック衛星および実験装置、実験機は除く
※2　月の探査を目的としていないため、探査機ではなく衛星に分類
※3　アメリカ、ケープカナベラル空軍基地から打ち上げ
※4　アメリカ、ケネディ宇宙センターから打ち上げ
※5　カザフスタン、バイコヌール宇宙基地から打ち上げ

JAXAサイト、および文部科学省サイトに掲載されている情報を元に作成
内容は、すべて2011年12月現在のもの

アメリカの技術提供で生まれたN-Iロケット

大型のロケットを打ち上げるには、比推力※に優れた液体燃料ロケットの開発が必須であった。固体燃料ロケットの技術は蓄積があるものの、日本独自技術での実用液体燃料ロケットエンジン開発は難航し、やむなくアメリカからの技術支援を受けることとなった。こうして、デルタロケットを元に日本初の液体燃料ロケットN-Iが完成し、1975年、第1号の打ち上げに成功する。

ただし、技術支援とはいっても、アメリカ側からはエンジンの内部構造などの肝心なコア技術は開示されなかった。当時の研究者たちが忸怩《じくじ》たる思いを抱いたことは想像に難くない。そして、1979年に起きた人工衛星「あやめ」の軌道投入失敗をきっかけに、純国産の液体燃料ロケット開発の気運が高まったのも当然といえるだろう。

N-Iの改良型であるN-Ⅱロケットを経て、1986年には、3段からなるロケットのうち、2段目として日本が自主開発したLE-5型エンジンを使用したH-Iロケットの打ち上げに成功。このH-Iで得た技術を活かし、1997年、ついに念願の純国産大型ロケット、H-Ⅱの打ち上げに成功したのだった。

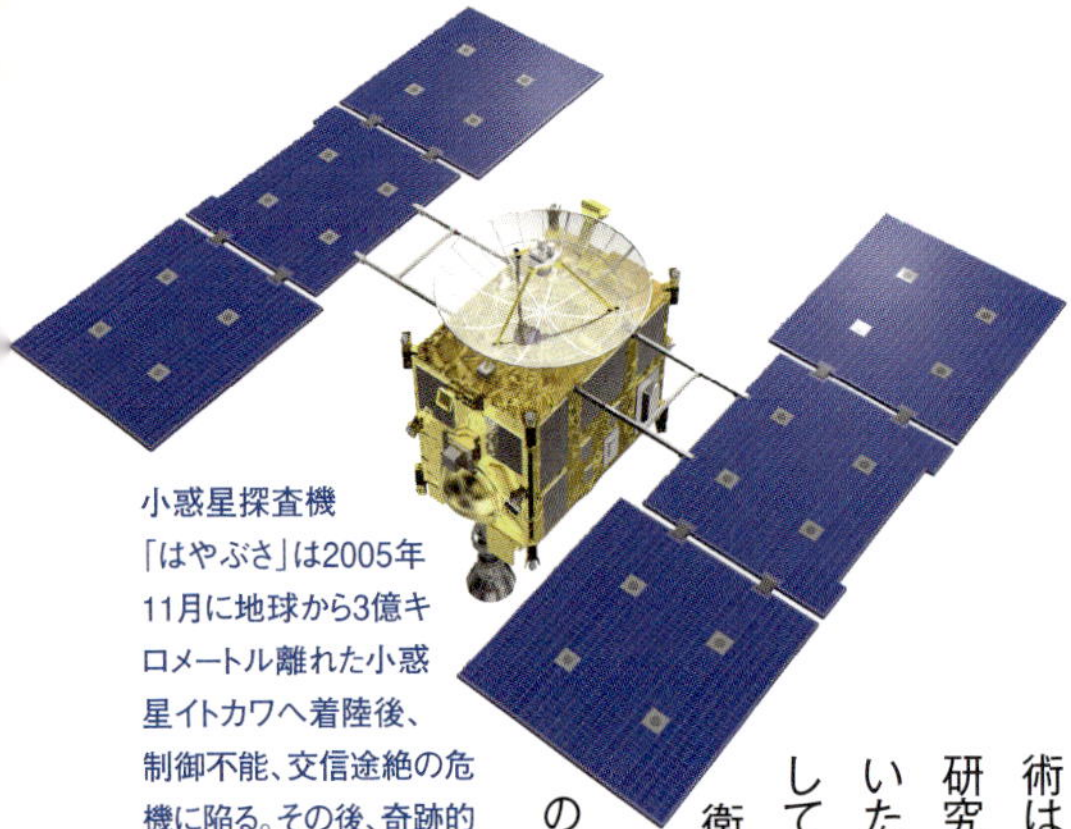

小惑星探査機「はやぶさ」は2005年11月に地球から3億キロメートル離れた小惑星イトカワへ着陸後、制御不能、交信途絶の危機に陥る。その後、奇跡的に交信が復活し、復旧と帰還の準備を進めたのち、2007年4月、地球へ向けて帰還の途につく。数々のトラブルに見舞われながら、2010年6月13日、ついにはやぶさは地球へ戻り、イトカワのサンプルが入ったカプセルを地上へ届けた。

イトカワにタッチダウンするはやぶさ（想像図）。はやぶさに課せられたのは、小惑星へタッチダウンし、サンプルを回収して帰るという世界初のミッションだった。

※比推力：ロケット燃料などの推進剤の性能を表す尺度。

JAXAの誕生と「はやぶさ」の快挙

日本の宇宙開発の道のりは決して平坦だったわけではなく、むしろ苦難や失敗の連続だった。そのひとつの要因に、NASDA、ISAS、航空宇宙技術研究所（NAL）という3つの航空宇宙機関の連携不足があった。2003年10月、こうした組織間の連携不足を解消し、効率的に宇宙開発を行うために3機関が統合され、宇宙航空研究開発機構（JAXA）が発足した。

2010年6月13日、はやぶさはカプセルを地球に持ち帰るという使命を果たした後、光芒を放ちながら大気圏で燃え尽きた。写真はオーストラリアのウーメラ砂漠で撮影されたはやぶさとカプセルの光跡。

JAXA統合前に打ち上げられた小惑星探査機「はやぶさ」も、それまでの日本の宇宙開発を象徴するように苦難が続いた。打ち上げの延期による目的地の変更、さらなる打ち上げ延期、2003年5月9日にM-Vロケットで打ち上げられた後も、イオンエンジンの故障をはじめ、姿勢制御を行うリアクションホイールの故障や燃料漏洩による姿勢喪失、通信途絶など、繰り返しトラブルに見舞われた。

それでも、イオンエンジンの長期運用や地球スウィングバイ、小惑星とのランデヴーとサンプル回収といった数多くのミッションを達成し、素晴らしい成果を挙げた。はやぶさの軌跡は、そのまま日本宇宙開発の縮図といってもいいだろう。

日本の液体燃料ロケットの歩み

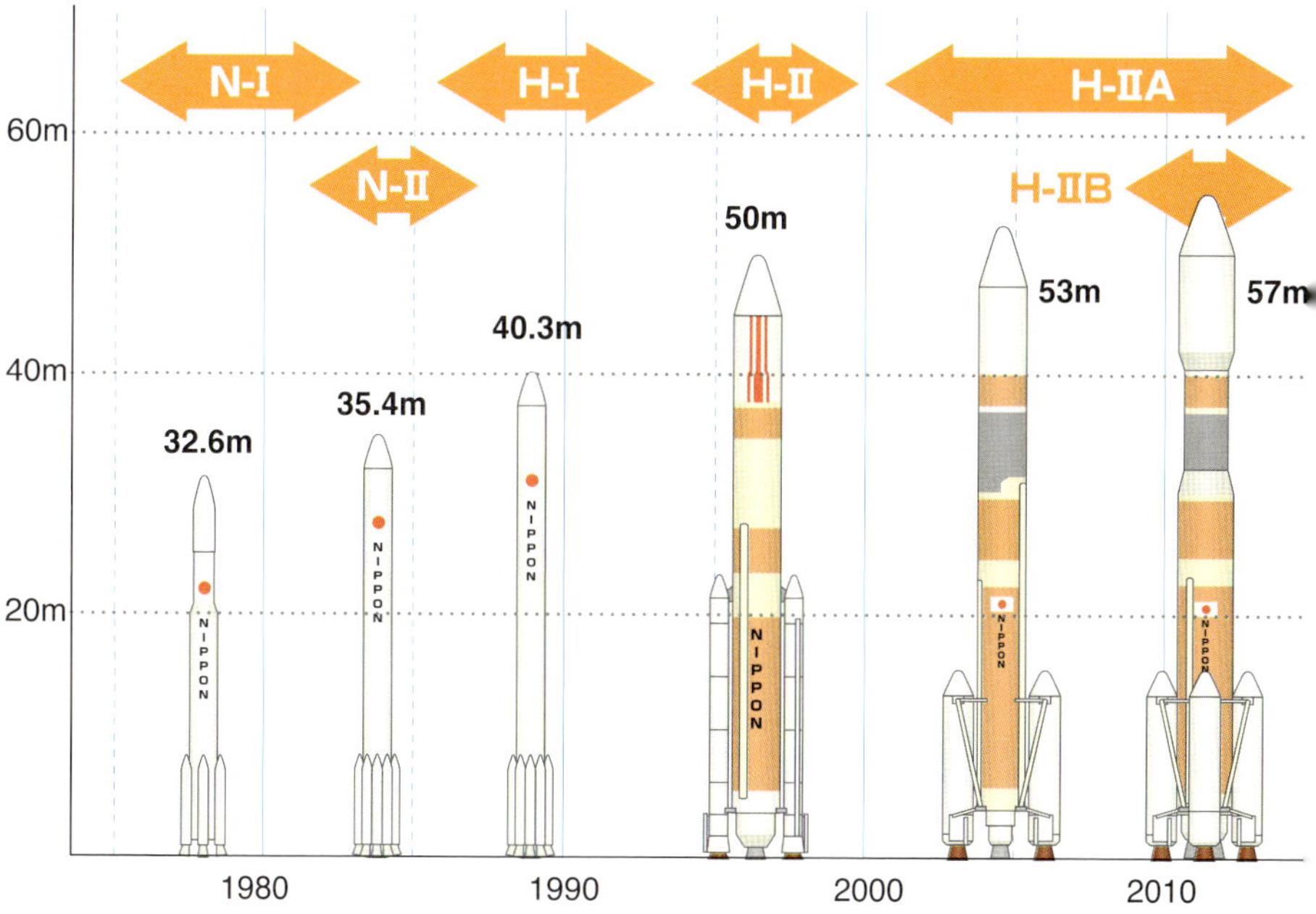

人類の夢も運んだ白い翼

宇宙輸送の概念を変えたスペースシャトル

スペースシャトルの原型となった極超音速機「X-15」。同機が打ち立てた、有人による最高速度記録、最大高度記録は、現在も破られていない。

スペースシャトル輸送機から空中分離する「エンタープライズ号」。滑空実験機のため、宇宙飛行能力は持っていない。

ロケットよりも安価に宇宙へ行く方法

人類の月着陸という偉業を成し遂げた「アポロ計画」だったが、計画には莫大な費用が注ぎ込まれたことで、批判する声も次第に大きくなっていた。そこでアメリカは、月への飛行よりももっと現実的な宇宙の利用方法である宇宙ステーションの建設計画（「スカイラブ計画」）と、そのためにロケットよりも安いコストで宇宙へ行くための手段として「スペースシャトル計画」を進めた。

スペースシャトル計画は、1969年にニクソン大統領（当時）が計画の進行を正式に決定し、1970年代初頭から設計が開始されたが、その概念は1950年代からすでに考えられていた。

第2次世界大戦終結後、アメリカがドイツから手に入れた航空宇宙技術の中に「ゼンガー計画」の報告書があった。ゼンガー計画とは、ロケットエンジンを搭載した爆撃機を、大気圏上層をスキップさせて敵国まで到達させるというものだった。このゼンガー計画を参考にして作り上げたのが極超音速実験機X-15で、スペースシャトルの原型ともいうべきものだ。

史上初の再利用可能な宇宙船「スペースシャトル」

X-15を発展させ、ロケットエンジンで宇宙へ飛び出し、帰還はそのまま飛行機のように水

ドッキングのため、国際宇宙ステーション（ISS）に近づく「ディスカバリー号」。スペースシャトルの役割は、人工衛星や探査機の打ち上げ、ISSの建設や物資の輸送など多岐にわたる。

スペースシャトルは、メインエンジンと2基の固体燃料補助ロケットによって打ち上げられる。オレンジ色の巨大な物体は、メインエンジン用の外部燃料タンクだ。

スペースシャトルは、着陸時には航空機のように滑走路へ降り立つ。直径12メートルのドラグシュートが開いて、補助的なブレーキの役目を果たす。

平飛行で着陸する。そうすれば、ロケットを使い捨てにせず繰り返し使用することができるため、宇宙開発のコストを抑えることができるという結論に達したNASAは、宇宙往還機スペースシャトルの開発を開始する。

1977年8月、スペースシャトル試験機「エンタープライズ号」が弾道飛行に成功。ただ、エンタープライズ号は宇宙飛行をする能力はなく、輸送機からの発進だった。実際にロケットによる打ち上げで初飛行に成功したのは、1981年4月の「コロンビア号」によるものだ。

その後、スペースシャトルは、人工衛星の射出やハッブル宇宙望遠鏡の設置・修理、宇宙での科学実験など、数多くのミッションをこなしていった。

2度の悲劇とスペースシャトル計画の終焉

しかし、宇宙開発ではすべてが順調に進むことはない。アポロ計画で死亡事故があったように、スペースシャトル計画でも事故は起こってしまった。最初の悲劇は1986年1月28日に起きた。「チャレンジャー号」が打ち上げ直後に爆発し、7名の宇宙飛行士全員が死亡したのだ。

爆発の原因を突き止め、対策を講じるまでのおよそ2年8か

ラストフライトを迎えた3機のスペースシャトル

1981年の初飛行以来、30年間にわたって運用されてきたスペースシャトル。2度の事故を含め、総打ち上げ回数は135回を数える。2011年7月の「アトランティス号」の飛行を最後に、スペースシャトルは宇宙から姿を消した。

ラストミッションを終えて帰還した「ディスカバリー号」。

ラストミッションで、ISSにドッキング中の「エンデバー号」。

最終打ち上げのときを待つ「アトランティス号」。

初の有人宇宙飛行で打ち上げられるコロンビア号。

スペースシャトルの歴史

1977年8月	「エンタープライズ号」初の大気圏内自由飛行
1981年4月	「コロンビア号」初の有人宇宙飛行
1982年11月	「コロンビア号」実用飛行開始。静止通信衛星などを軌道に放出
1983年4月	「チャレンジャー号」初飛行。スペースシャトルから初の宇宙遊泳
1984年8月	「ディスカバリー号」初飛行
1985年10月	「アトランティス号」初飛行
1986年1月	「チャレンジャー号」爆発事故。初の日系アメリカ人宇宙飛行士エリソン・オニヅカ、初の民間人宇宙飛行士クリスタ・マコーリフを含む全員が死亡
1988年9月	「ディスカバリー号」2年8か月ぶりに飛行再開
1990年4月	「ディスカバリー号」でハッブル宇宙望遠鏡を軌道上に放出
1992年5月	「エンデバー号」初フライト
1992年9月	初の日本人宇宙飛行士として毛利衛宇宙飛行士が「エンデバー号」に搭乗
1994年7月	初の日本人女性宇宙飛行士として向井千秋宇宙飛行士が「コロンビア号」に搭乗
1995年6月	「アトランティス号」がロシアの宇宙ステーション「ミール」と初のドッキング
1997年11月	土井隆雄宇宙飛行士が「コロンビア号」に搭乗、日本人初の船外活動を実施
1998年12月	「エンデバー号」が国際宇宙ステーション（ISS）と初のドッキング
2003年1月	「コロンビア号」空中分解事故。乗組員7名全員が死亡。帰還の際の事故だった
2005年7月	「ディスカバリー号」2年6か月ぶりに飛行再開。野口聡一宇宙飛行士が搭乗
2008年5月	「ディスカバリー号」で「きぼう」を搬出、星出彰彦宇宙飛行士が搭乗
2010年4月	「ディスカバリー号」に山崎直子宇宙飛行士が搭乗
2011年2月	「ディスカバリー号」最後の飛行
2011年5月	「エンデバー号」最後の飛行
2011年7月	「アトランティス号」最後の飛行。スペースシャトル計画が終了する

爆発したチャレンジャー号。

ディスカバリー号で宇宙空間に運ばれたハッブル宇宙望遠鏡。

ISSへ接近するエンデバー号。

月の間、スペースシャトルの打ち上げは中止された。1988年9月に飛行が再開され、順調にミッションをこなしていくが、2003年2月1日に再び悲劇が襲う。大気圏再突入中のコロンビア号が空中分解し、チャレンジャー号と同様、7名の宇宙飛行士が命を落とすことになった。

　こうした2度の悲惨な事故に加え、計画当初に考えられていたよりも、メンテナンス費用などの面でかかる莫大なコストが原因となり、NASAはスペースシャトル計画の終了を決定した。そして、2011年7月8日、「アトランティス号」の地球帰還とともに、30年にわたって続いたスペースシャトル計画は終焉を迎えたのである。

宇宙に浮かぶ巨大な実験室

人類の未来を背負う国際宇宙ステーション

高度400キロを飛行する宇宙実験室

　国際宇宙ステーション（ＩＳＳ）は、アメリカ、ロシア、ヨーロッパ（ＥＳＡ）、カナダ、そして日本の計15か国が協力して建設・運用されている。

　ＩＳＳは、アメリカとロシアが製造した5つの与圧モジュールを中心に、ヨーロッパや日本の宇宙実験棟、姿勢制御装置や通信装置などを備えたトラス、ＩＳＳで使用する電力をまかなう太陽電池パドルなどで構成されている。長さ73メートル、幅108・5メートル、重さ334トン以上もある巨大な構造物で、地上から約400キロメートル上空を、時速およそ2万7700キロメートル、地球を約90分で1周するスピードで飛行している。

人類に明るい未来をもたらす宇宙実験

　ＩＳＳには常に参加各国から選出された数名のクルーが滞在しており、微重力環境や真空環境を利用したさまざまな科学実験を行っている。ＩＳＳで行われる実験は、地上での私たちの生活や産業に役立てることを目的としたものだ。

　たとえば、日本の宇宙実験棟「きぼう」の中で行われているマランゴニ対流の実験は、地上では重力の影響で作れない大きな液柱（液体の柱）を作り、その中で起きる「振動流」と呼ばれる対流を観察するもので、得られた実験結果は流体力学の基礎的なデータとなる。これが将来的には、放熱のためのヒートパイプ設計や半導体材料の製造過程に役立つ可能性がある。また、タンパク質の構造解析は、将来、筋ジストロフィーの進行を止める薬などの開発に役立つ。

　ＩＳＳではこれまでに多くの

ロシアのモジュール「ザーリャ」とドッキングするアメリカのモジュール「ユニティ」。ISSの建設は、これらのモジュールの打ち上げと接続からスタートした。

実験が実施され、貴重なデータが着実に収集されている。今後もさまざまな分野の実験が計画されており、それらの実験で得られた結果は、きっと私たちのこれからの生活に役立ってくれるはずだ。

ISSで活躍する日本人宇宙飛行士たち

日本はこのISSの実験に「きぼう」を提供しているほか、人的な貢献も大いに果たしている。ISSのクルーとして、これまで若田光一宇宙飛行士、野口聡一宇宙飛行士、山崎直子宇宙飛行士、古川聡宇宙飛行士の4名が滞在している。2011年に、古川宇宙飛行士が約5か月半という長期滞在を行ったことは記憶に新しいだろう。また、2013年末ごろには若田宇宙飛行士が、日本

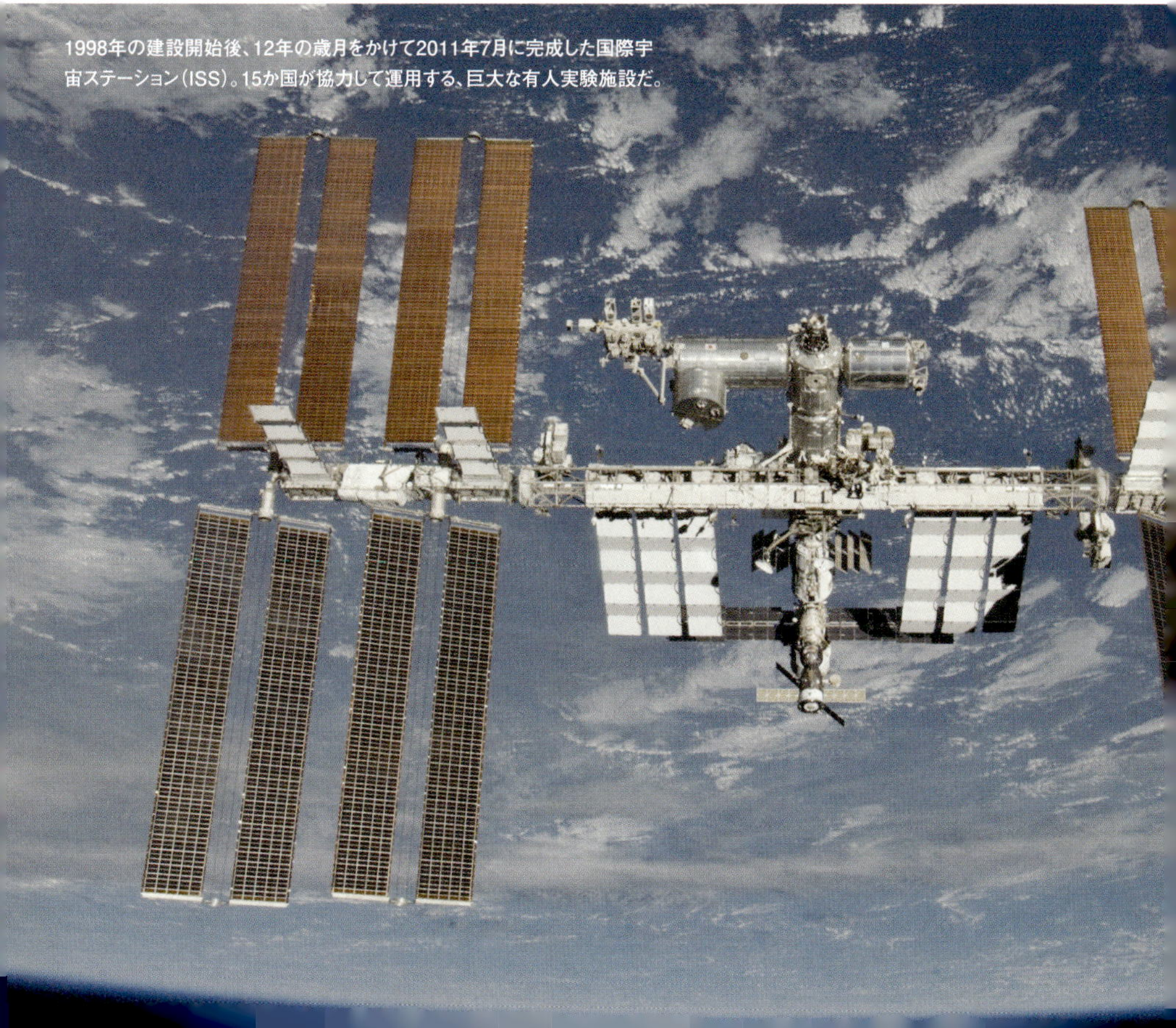

1998年の建設開始後、12年の歳月をかけて2011年7月に完成した国際宇宙ステーション(ISS)。15か国が協力して運用する、巨大な有人実験施設だ。

ISSの主な施設

デスティニー／アメリカ

健康や安全、人々の生活の質を向上させるための、幅広い範囲の実験や研究に利用される実験棟。微少重力下での実験は、将来の月や火星への有人宇宙飛行のために役立つと考えられている。

ズヴェズダ／ロシア

居住空間や生命維持装置を備えたISSロシア側の中心となるモジュール（写真の下段部分）。2000年に打ち上げられ、これにより初めて宇宙飛行士の長期滞在が可能になった。ふたりの宇宙飛行士がここで生活できる。

カナダアーム2／カナダ

ISSの組み立てと整備に使用されるロボットアームで、カナダの企業が開発・製造したため、こう呼ばれている。ISSの組み立てに重要な役割を果たした。

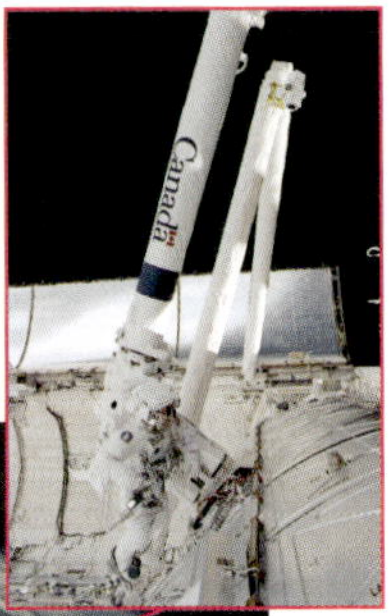

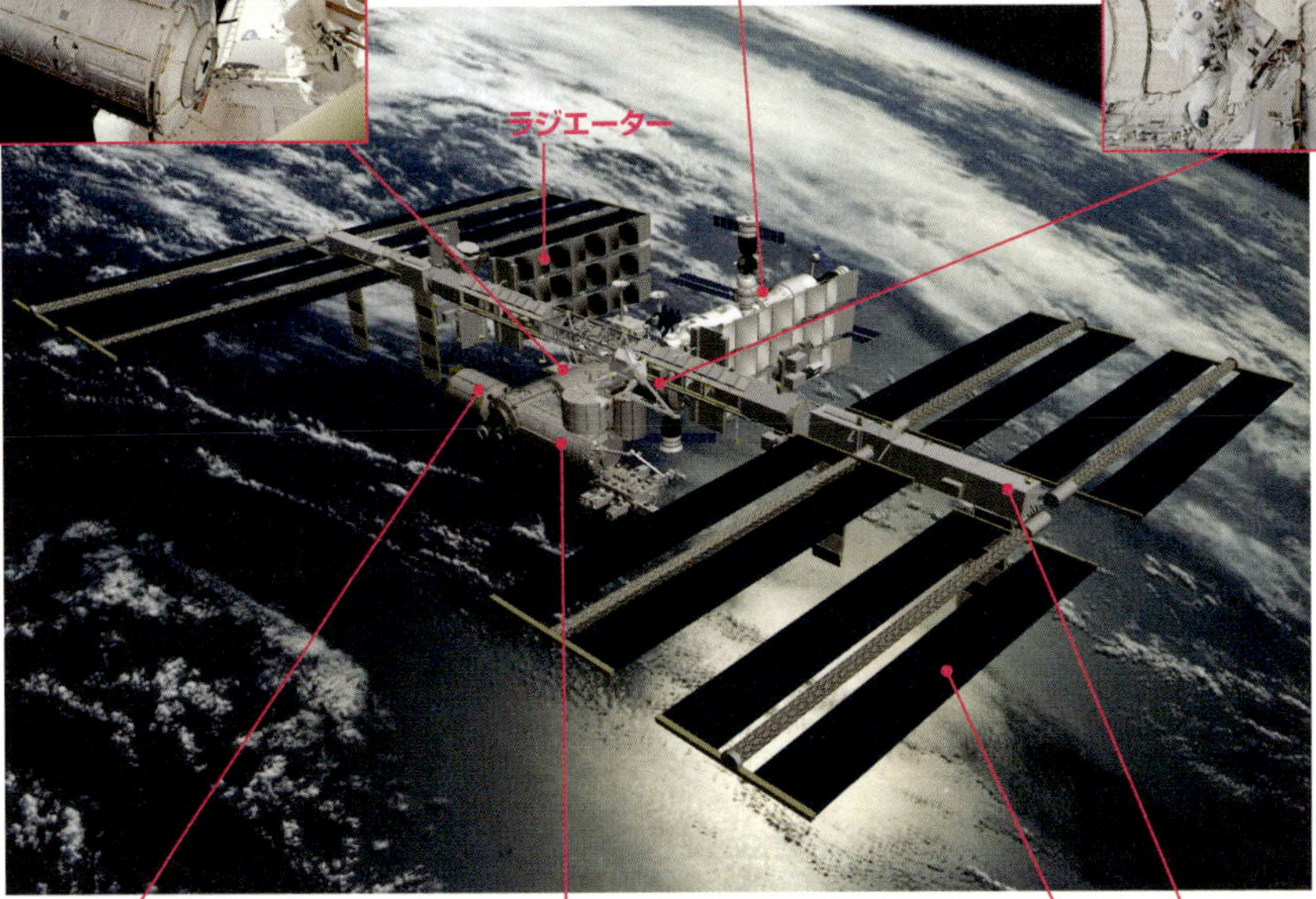

コロンバス／ヨーロッパ

ISSに対するESA最大の貢献が、直径4.5メートルの実験棟、コロンバスだ。生命、物質科学、流体物理学など広範囲の実験を行う。外部には最大4つの外部ペイロード※を設置できる。

「きぼう」日本実験棟／日本

2009年7月に完成した日本初の有人実験施設。ISS中最大の実験モジュールである。船内実験室と船外実験プラットフォームのふたつの実験スペースで構成され、微小重力環境や宇宙放射線などを利用した科学実験が行われている。また、居住性にも大きな注意が払われており、他国の宇宙飛行士からも高い評価を得ている。

※ペイロード:航空機や打ち上げロケットに搭載可能な重量のこと。また、ロケットに搭載された物品や宇宙空間で物品を搭載する部分を指す場合もある。

「コロンバス」の内部のイメージ。ISSの実験室ではラックと呼ばれる収納装置に、実験装置や物資などが収められており、宇宙飛行士は必要なラックを引き出して実験などを行う。

記者会見を行う若田光一宇宙飛行士。第39次長期滞在で、日本人で初めてコマンダー（船長）としてISS全体の指揮を執ることが決まっている。

2011年に約5か月半のISS長期滞在を行った古川聡宇宙飛行士。写真は宇宙実験を行う様子。

ISSへの人員や物資の輸送は欠かせないミッションだが、「スペースシャトル」が引退したことで、輸送体制にも大きな影響が出ている。写真はロシアの宇宙船「ソユーズ」で、現在のところ、宇宙飛行士の往還には同機だけが対応している状態だ。

人初のコマンダー（船長）としてISSの指揮を執る予定となっている。

役目を終えた宇宙ステーションはどうなる?

ISSの運用は当初2015年までとされていたが、その後、協力国が「ISSのすべての能力を使い切る」という認識で一致し、2020年までの運用が決まった。

運用終了後のISSについて、ロシア宇宙庁は2011年に「軌道上に放置せず海に落下させる」と表明している。ロシアは以前、ロシアが建設した宇宙ステーション「ミール」の運用が終了した2001年に、太平洋に落下させた経験を持つ。莫大な予算と長い年月を費やして作り上げたISSを壊してしまうのは残念なことだが、そのまま軌道上に放置すれば宇宙ゴミ（デブリ）となってしまい、今後の宇宙開発の妨げにもなりかねない。ISSが燃え尽きるまで、人類の将来に役立つ多くの実験結果が得られることを願いたい。

小惑星に接近する「はやぶさ2」(想像図)。小惑星イトカワのサンプルリターンに成功した「はやぶさ」に続く探査計画で、2014年の打ち上げを目指している。現在、目標候補となっている小惑星は有機物や水を含んだ物質があると考えられており、新たなサンプルの入手に今から期待が集まっている。

さらに遠くの宇宙を目指して
世界が見据えるこれからの宇宙開発

高い技術力と創造性の進歩を目指す日本

ここまで過去から現在までの宇宙開発の様子を駆け足で紹介してきたが、これから5年先、あるいは10年先の将来、宇宙開発はどのように進んでいくのだろうか。

日本の場合は、２００８年に宇宙基本法が施行され、宇宙開発に関する長期的な計画が決定されている。日本の宇宙開発計画は、「安全保障」「社会基盤の整備」「宇宙への挑戦」という3つの視点から立てられており、これらを実現するために日本が高い技術と創造性を持って、自律性を維持・確保していくという方針が明記されている。具体的には、必要な機能を持った人

JAXAが計画している回収機能付加型HTV(HTV-R)の想像図。現在運用中の「こうのとり」(HTV)は国際宇宙ステーション(ISS)へ物資を届けるだけだが、HTV-Rには回収カプセルを搭載し、宇宙飛行士や物資が帰還できる機能を持たせる計画だ。

世界の主な宇宙開発計画

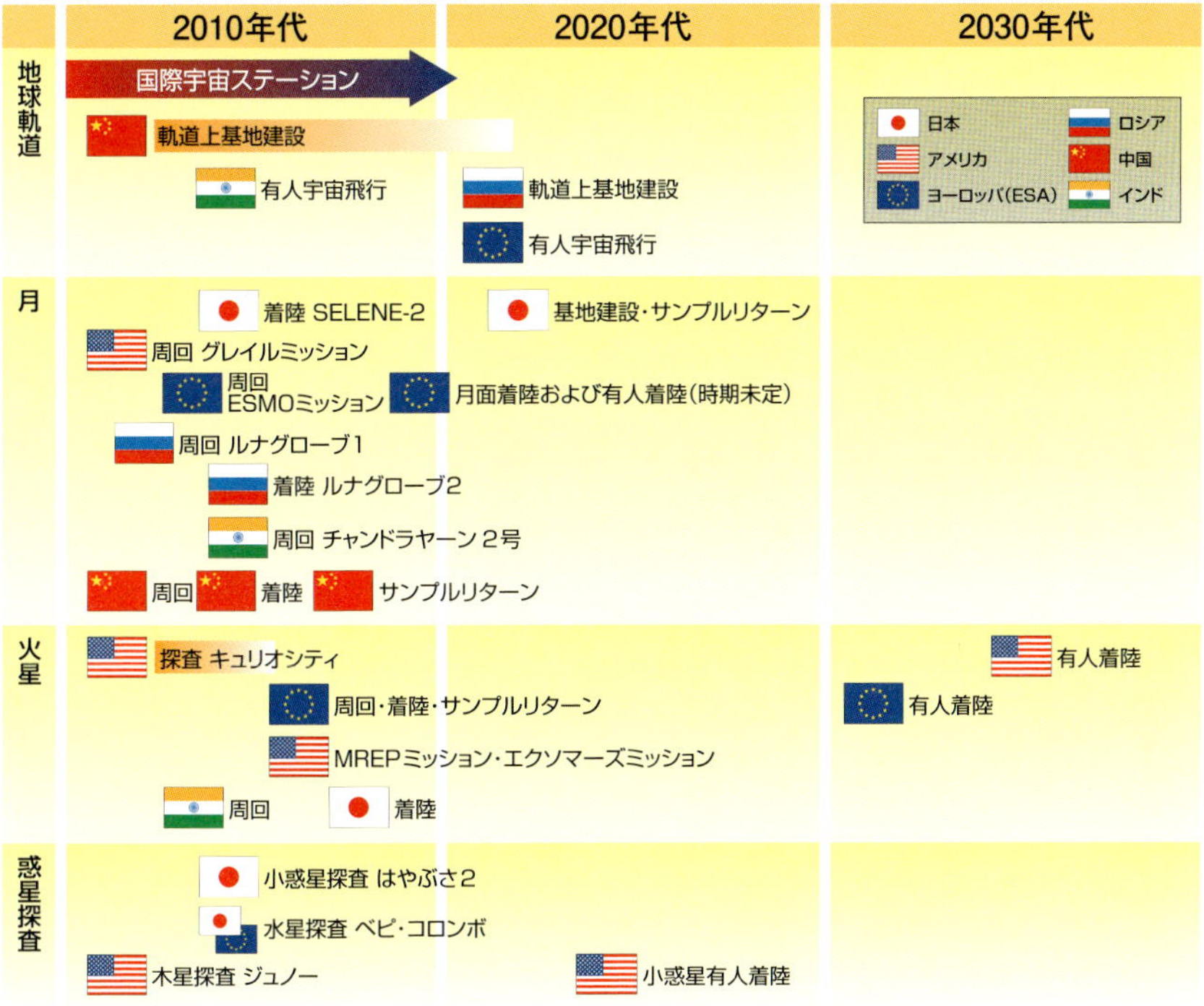

※文部科学省資料、および各宇宙機関サイト、報道情報より作成(2011年12月時点)。
※非公式情報を含む。

工衛星や探査機を、必要なときに日本独自の力で打ち上げる能力を持つことが目標だ。

　こうした基本方針の下、現在いくつかの宇宙開発計画が進行中だ。人工衛星ではX線天文衛星ASTRO-Hや「だいち」の後継機ALOS-2、探査機では「はやぶさ」の後継プロジェクト「はやぶさ2」、また将来の有人宇宙飛行を念頭に、現在運用中の宇宙ステーション補給機「こうのとり」(HTV)に、宇宙からの帰還機能を付加した回収機能付加型HTV(HTV-R)などが計画されている。

世界の視線はさらに遠い宇宙へ

　日本から世界に目を向けて見ると、これまで宇宙開発を先導してきたアメリカやロシア、ヨーロッパ(ESA)に加え、近年では中国やインドといった、宇宙開発後発国の台頭が目立つ。特に中国は、低軌道での宇宙ステーション建設を目指した軌道上でのドッキング実験のほか、有人宇宙飛行や2台の探査機による月面探査も成功させており、目覚ましい躍進を遂げている。

　一方、アメリカは財政難を理由に、有人月着陸を目指した「コンステレーション計画」を中止

火星の表面を探査する探査機ローバー「キュリオシティ」（想像図）。NASAはこれまでも数々の探査機を火星へ送り込んできたが、さらに詳細な探査を目指して、2011年11月にキュリオシティを打ち上げげた。火星への到着予定は2012年8月で、火星表面の土砂や岩石を採取して解析を行う計画だ。

NASAが2013年に打ち上げを予定している火星探査機MAVEN（想像図）。こちらは火星の軌道上を周回し、上層大気の収集、分析を行う。

したが、オバマ大統領は次の目標として、2020年代半ばに有人による小惑星探査、2030年代半ばに有人火星探査の計画を掲げている。

木星の軌道上を飛ぶ木星探査機「ジュノー」（想像図）。木星の起源と進化の謎を解明するため、NASAが2011年8月に打ち上げげた。2016年7月に木星圏に到達する予定で、木星の極軌道をめぐり、核（コア）の調査や磁場のマップ作成、大気の測定など、木星の詳細な調査を行う。

宇宙開発は国際協力が前提に

莫大な費用が必要となる宇宙開発は、もはや国際協力なしには実現できない。国際宇宙ステーション（ＩＳＳ）も、参加各国の資金援助や技術援助があったからこそ成り立っているのだ。

　ならば、独自技術の開発などせず、他国の開発に便乗すればよいではないかという考えを持つ人もいるが、それは大きな間違いだ。国際協力の場に、なんの技術力も持たずに参加すれば、会議での発言力は小さくなってしまう。国際協力の場でイニシアティブを取るならば、世界でもトップレベルの独自技術を持っていなければならない。独自技術の開発費用を惜しむと、国際的な宇宙開発の費用だけ負担して実利を得られない、などという最悪のケースも考えられる。

　現在、宇宙開発の世界的な協力体制としては、国際宇宙探査協働グループ（ＩＳＥＣＧ）がある。これはＥＳＡやＮＡＳＡ、ＪＡＸＡなど、14の宇宙機関が参加する国際会議だ。ＩＳＥＣＧは毎年会合を開いており、２０１１年には京都で開催され、今後25年間の国際宇宙探査の道筋が検討された。日本は、このような国際協力にも積極的にかかわっており、それを継続させる意味でも独自技術の開発を推進していく必要があるのだ。

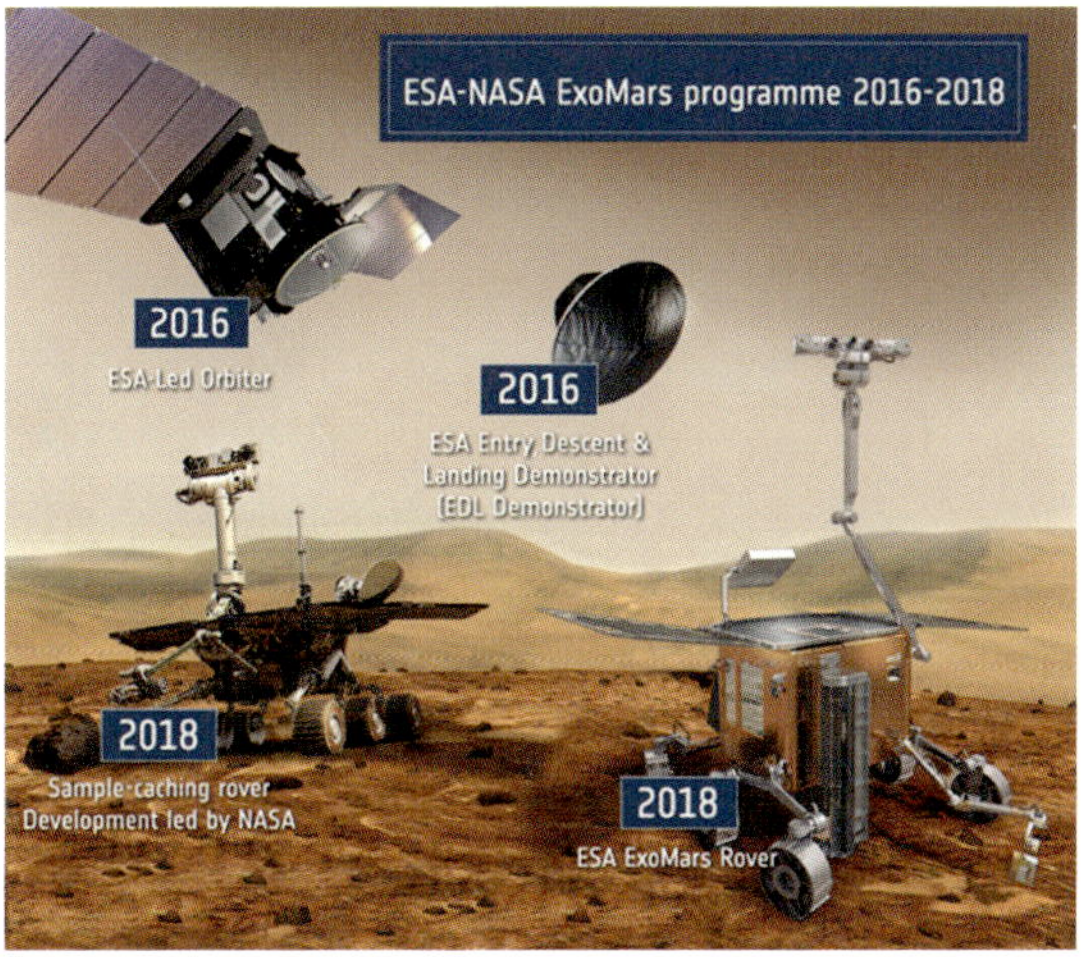

ESAはNASAとも協力し、2016～2018年の間に火星へ無人探査機を着陸させ、サンプルリターンを行う「エクソマーズ（ExoMars）計画」を進めている。

月面探査を行う宇宙飛行士（想像図）。ESAでは月探査も大きな目標のひとつに据えている。

中国の宇宙ステーション計画で打ち上げられた「天宮1号」（左）と、2013年内に打ち上げを予定しているインドの月探査機「チャンドラヤーン2号」（右）の想像図。宇宙開発後発国の躍進は目覚ましく、韓国やブラジルなども宇宙開発に取り組んでいる。

COLUMN 2
人類が「火星人」になる日はいつ？

有人宇宙飛行を目指す日本

　ユーリ・ガガーリンによる人類初の宇宙飛行から半世紀、これまでに有人宇宙飛行を成功させたのは、アメリカ、ロシア（旧ソ連）、そして中国の3か国だけだ。日本は世界で4番目に人工衛星を打ち上げ、宇宙飛行士も多数輩出しているが、独自技術での宇宙飛行は実現していない。

　人間を宇宙に送り出すためには、人間が生存可能で、なおかつ安全に活動できる環境を作り、それを維持していかなければならない。そのためには技術はもちろん、莫大な予算も必要になる。日本は2020~2025年ごろに有人宇宙飛行を実現させるという目標を立てているが、技術的にも予算的にも、実現までに越えなければならないハードルは高い。

世界の目は火星へ向いている

　一方、アメリカやロシア、ヨーロッパ（ＥＳＡ）は、有人飛行の目標として火星を挙げている。気圧が低く、二酸化炭素がほとんどとはいえ大気が存在し、極地には氷も存在する火星は、人類にとって第2の地球になる可能性を秘めているのだ。また、火星はおよそ2年に一度地球に接近するため、ほかの惑星に比べれば近いということもポイントだろう。

　だが、現在の技術では火星まで1~3年程度の時間がかかる。その間、宇宙船で人間が暮らしていくためには、膨大な物資が必要になるだけでなく、精神面での問題も浮かび上がってくる。

　そこで、ロシアとＥＳＡは共同で、2011年6月3日から同年11月4日までの間、火星有人探査のシミュレーション実験「Ｍａｒｓ５００」を実施した。この実験は、火星有人飛行を行う宇宙船と同じ設備の閉鎖空間で乗員を生活させ、火星到着まで250日間、火星滞在30日間、地球帰還240日間のシミュレーションを行うというもの。参加者はロシアから3名、フランス、イタリア、中国からそれぞれ1名ずつ、合計6名の男性だ。この実験によって、火星への有人飛行に関する貴重なデータが得られた。

「Mars500」で使用された火星環境プラットフォームの実験施設。

　火星に到達した人類が次に目指すのは、地球から火星への移住だ。宇宙飛行士が一時的に滞在するだけでなく、多くの人間が永住するためには、火星の環境を地球に近づけるテラフォーミング技術など、より多くの高度な技術が必要になる。

　火星への移住が可能になるのはまだ当分先のことだが、人類がさらに遠い宇宙へ飛び出すためには必要不可欠なステップといえるだろう。

火星表面での作業を行うシミュレーション訓練の様子。

Part 3

簡単まるわかり！宇宙論

天体観測や惑星探査の技術が進歩し、惑星や天体の詳細が次第にわかりつつある一方で、宇宙の起源や大きさ、姿などをテーマに研究する、いわゆる宇宙物理学も日々動きつづけている分野だ。「宇宙はいつ、どうやってできたのか」「宇宙はどのようになっているのか」「宇宙に終わりはくるのか」――そうした疑問を解明するために活発に研究が行われ、次々と新たな宇宙論が生まれている。

一方、一般に「宇宙論は難しい」というイメージがある。だが、要点をおさえれば意外にわかるものだ。この章では宇宙論の中でも基本的なテーマに絞り、わかりやすく説明している。駆け足で宇宙論の面白さを感じてみよう。

あらゆる物体の運動の法則

現代宇宙論の礎となった「ニュートン力学」

ニュートン力学は近代物理学の出発点

「ニュートン力学」とは、アイザック・ニュートンによって確立された、物体の運動を表す力学のことである。「宇宙論」を解説する章において、ニュートン力学は古くさく感じるかもしれないが、現代物理学の出発点であり、現代宇宙論の礎《いしずえ》ともいえるものなのだ。ニュートン力学の根幹は、「運動の法則」と呼ばれる次の3法則にある。

慣性の法則（第1法則）

慣性とは「ある物体が、外部から力を受けないとき、その物体の運動は変化しない」という性質のことで、「慣性の法則」とは「外部から力を受けない物質は、等速度運動を行う」というものだ。簡単にいうと、止まっている物体は止まりつづけようとし、動いている物体は同じ速度で動こうとする、ということになる。そして、慣性の法則が成立する座標系※を「慣性系」と呼ぶ。

たとえば、車に乗って移動し

イギリスの自然哲学者アイザック・ニュートン。物理学や数学の分野で数々の業績を残す。「ニュートン力学」を確立し、「近代物理学の祖」と称される。

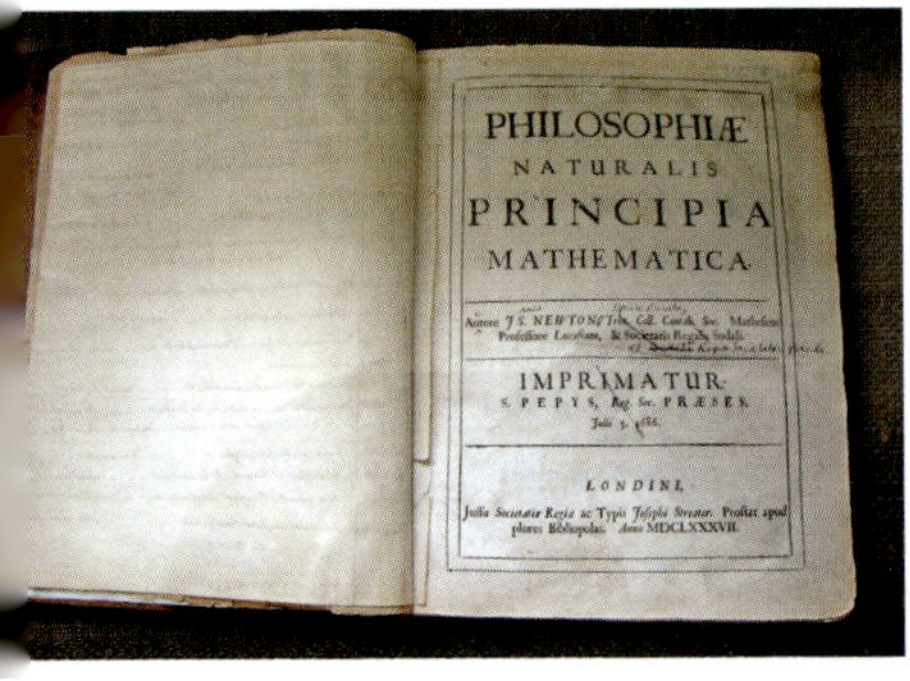

ニュートンの著書『プリンキピア（自然哲学の数学的諸原理）』の初版。ニュートン力学は、ニュートンが同書において体系づけたことからその名を冠しているが、根本となる法則は、ガリレオ・ガリレイやクリスチャン・ホイヘンスなど、先人によって発見されていたものだ。ニュートン力学の確立は、ニュートンひとりの功績ではなく、多くの科学者たちの努力によるものといえるだろう。

ているときに、急ブレーキをかけると体が前に飛び出す。シートベルトをしていなければ、フロントガラスにぶつかるかもしれない。これは体が車と一緒に動いていた状態を維持しようとする慣性によるものだ。

　一方、地球の上に乗っている私たちや身のまわりの物が、地球の自転に影響を受けないのは、私たちや身のまわりの物が地球と一緒に運動しているからだ。つまり、地表を基点にした慣性系にいるというわけだ。別の慣性系、たとえば太陽を基点にした慣性系からは、地球の自転や公転を観察することができる。

※座標系：座標とは、ある空間や場所を示す指標のことで、座標系とはその空間や場所を規定するためのシステム、法則のこと。たとえば、東西南北に分けられた地図も座標系、地球上の位置を示す緯度経度も座標系のひとつである。

運動方程式（第2法則）

　慣性系においては、次の方程式が成り立つ。

　力＝質量×加速度

　これを「運動方程式」という。

　加速度は、時間あたりの速度の変化率（速度の変化÷時間）で、速度を時間で微分することでも求められる。速度が一定（等速度運動）なら、加速度はゼロになる。

　運動方程式からわかるのは、速さが変化する物体には力が働いているということだ。また、ここでいう力とは、力の大きさだけでなく、力の働く方向（ベクトル）も含んでいる。したが

慣性の法則（第1法則）

電車に乗っているときにも「慣性」を感じることができる。駅に近づいた電車がブレーキをかけると、乗客の体は進行方向に流れる。これは体が進行方向へ動きつづけようとするからだ。反対に電車が動き出すときには、進行方向とは逆に体が流れるが、これも体が止まりつづけようとするからである。

走っている電車

電車が止まるとき

電車が発車するとき

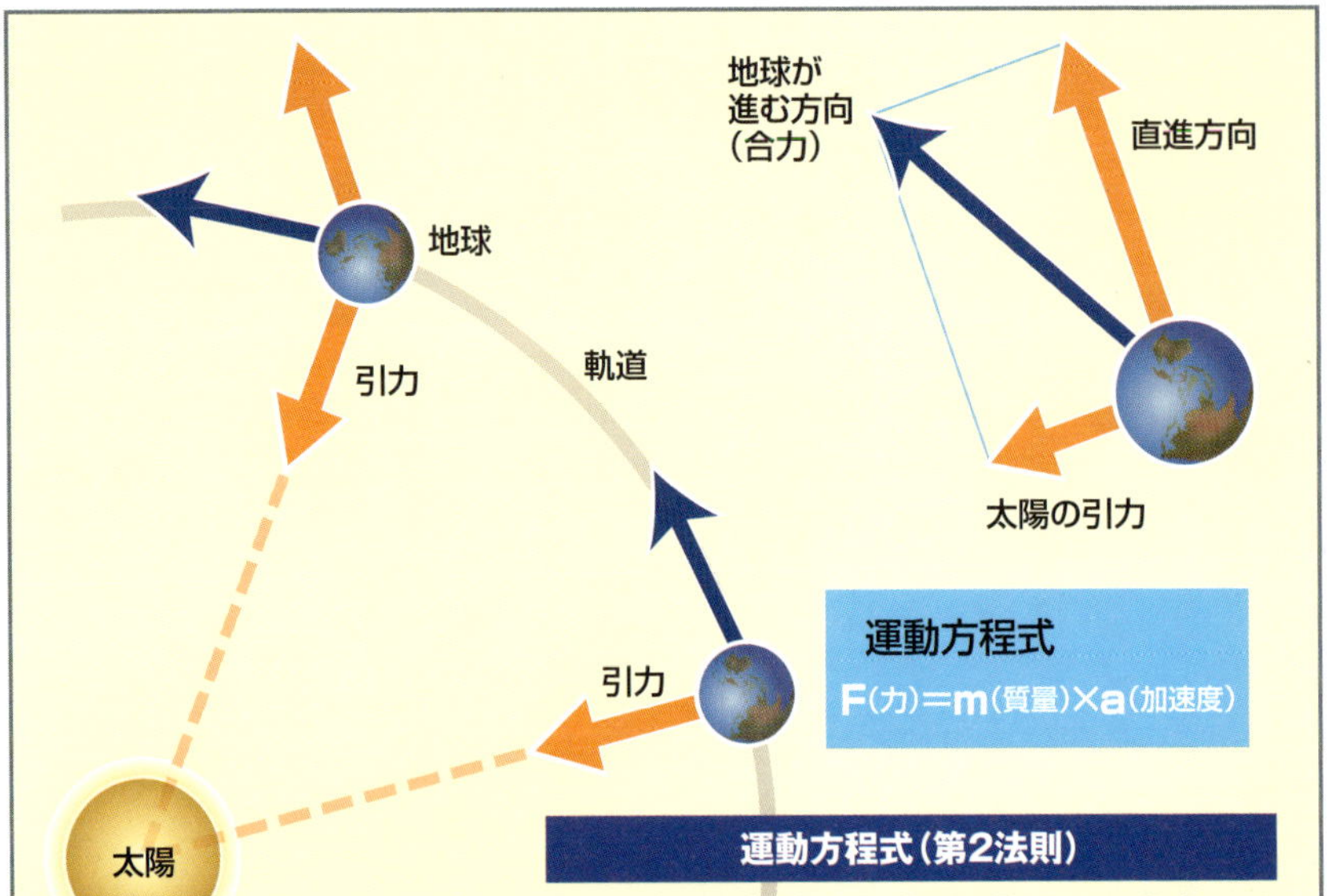

運動方程式（第2法則）

惑星はまっすぐに進もうとするが、恒星の重力によって曲げられるため、その軌道は円を描くようになる。なお、このように複数の力が加わったときに、相互作用により生まれた見かけ上の力を「合力」という。

って物体が運動する方向が変化すれば、そこには力が働いているということになる。その代表例が惑星の円軌道で、惑星はまっすぐ進もうとするが、恒星の引力で方向が変えられているのである。

作用・反作用の法則（第3法則）

「作用・反作用の法則」とは、物体（A）が別の物体（B）に力を及ぼすとき、物体（B）も物体（A）に対して、向きが反対で等しい大きさの力を受けるというものだ。前者を「作用」とすると、後者が「反作用」となる。

　たとえば、人間が歩くときを考えてみよう。足で地面を蹴ると、体が前に出る。これは「地面を蹴る」という作用に対して、「地面が人を押し出す」という反作用による動きだ。

　地球上では重力や摩擦力などの影響も大きいが、宇宙では状況が違ってくる。無重量状態では物を投げると、その反対の方向に体が動く。つまり不用意に力をかけると、かけた力と同等の反作用の力が働くことになるため、宇宙空間ではそれを考慮して慎重に動かなければならないのだ。

色あせない ニュートン力学

　ニュートン力学は、この3法則を基礎として、さらに「万有引力の法則」（逆二乗法則）と、それによるケプラーの3法則の裏づけ、「エネルギー保存則」「運動量保存則」などの法則を含んで発展してきた。

だが、科学技術が進歩し、宇宙の様子が詳細に観測できるようになるにつれ、ニュートン力学では説明できない事象も発見されるようになり、そこから「相対性理論」や「量子論」が生まれた。だからといって、ニュートン力学が過去のものになったわけではない。むしろ現代物理学の基礎であるニュートン力学をわかっていないと、現代宇宙論を理解することは難しいだろう。

作用・反作用の法則（第3法則）

ロケットの打ち上げには「作用・反作用の法則」が利用されている。ロケットは打ち上げ時に推進剤を下向きに噴射することにより、その反作用で得られた推力で上昇するのだ。一方、抵抗の少ない宇宙空間では、作用・反作用によって得られた力が失われずに働くため、イオンエンジンのような小さな出力でも前に進むことができる。惑星探査機が遠い惑星までたどり着けるのはそのためだ。

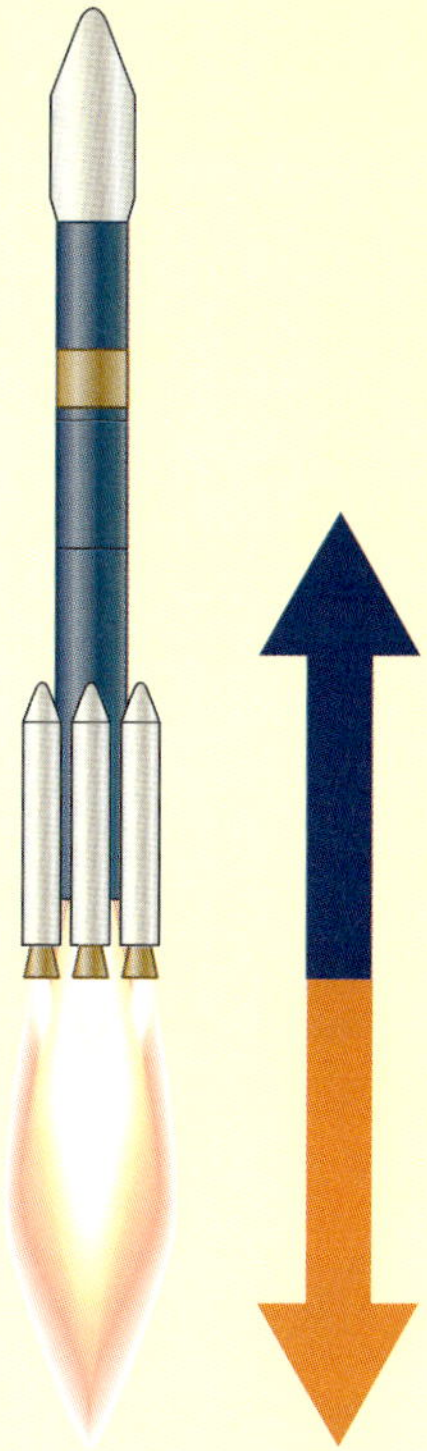

船外活動を行う宇宙飛行士。宇宙空間では作用・反作用の影響が大きいため、慎重に動くことが求められる。

天才物理学者がそれまでの常識を覆した

宇宙の姿を一変させた相対性理論

ニュートン力学から相対性理論へ

ニュートンが確立した「ニュートン力学」が現代物理学の基礎を築いたとするなら、アルバート（アルベルト）・アインシュタインの「相対性理論」（あるいは単に「相対論」ともいう）は、現代物理学の立役者、または現代宇宙論の生みの親といえるだろう。

相対性理論は、ニュートン力学では説明しきれなかった、高速で動く物体の運動や重力が非常に大きい物体の運動を解き明かすものだ。

アインシュタインが1905年に発表した「特殊相対性理論」では、ふたつの仮定が提示されている。ひとつは、すべての慣性系（98ページ参照）では物理法則は同じ形で成立し、何か特別な物（現象）を選び出すことはできない、という仮定である。もうひとつは、真空中の光の速さは、光源の運動状態に影響されず一定であるという「光速度不変の原理」だ。

アルバート・アインシュタイン。ドイツ生まれのユダヤ人で、「特殊相対性理論」および「一般相対性理論」「揺動散逸定理」「固体比熱理論」など、さまざまな理論を提唱した20世紀最大の物理学者。1921年、「光電効果の発見」によってノーベル物理学賞を受賞。

光速に近くなると時間の流れが遅くなる

たとえば、時速50キロメートルで走っている電車の中で、ボールを時速50キロメートルで進行方向に投げたとする。同じ電車に乗っている観察者には、ボールは時速50キロメートルで飛んでいくように見える。しかし、電車の外で静止している観察者からは、ボールの速度に電車の速度が加わり、ボールが時速100キロメートルで飛んでいくように見えるのだ。

また、ボールを進行方向とは逆方向に時速50キロメートルで

光速度不変の原理とは?

電車の中でボールを投げると……

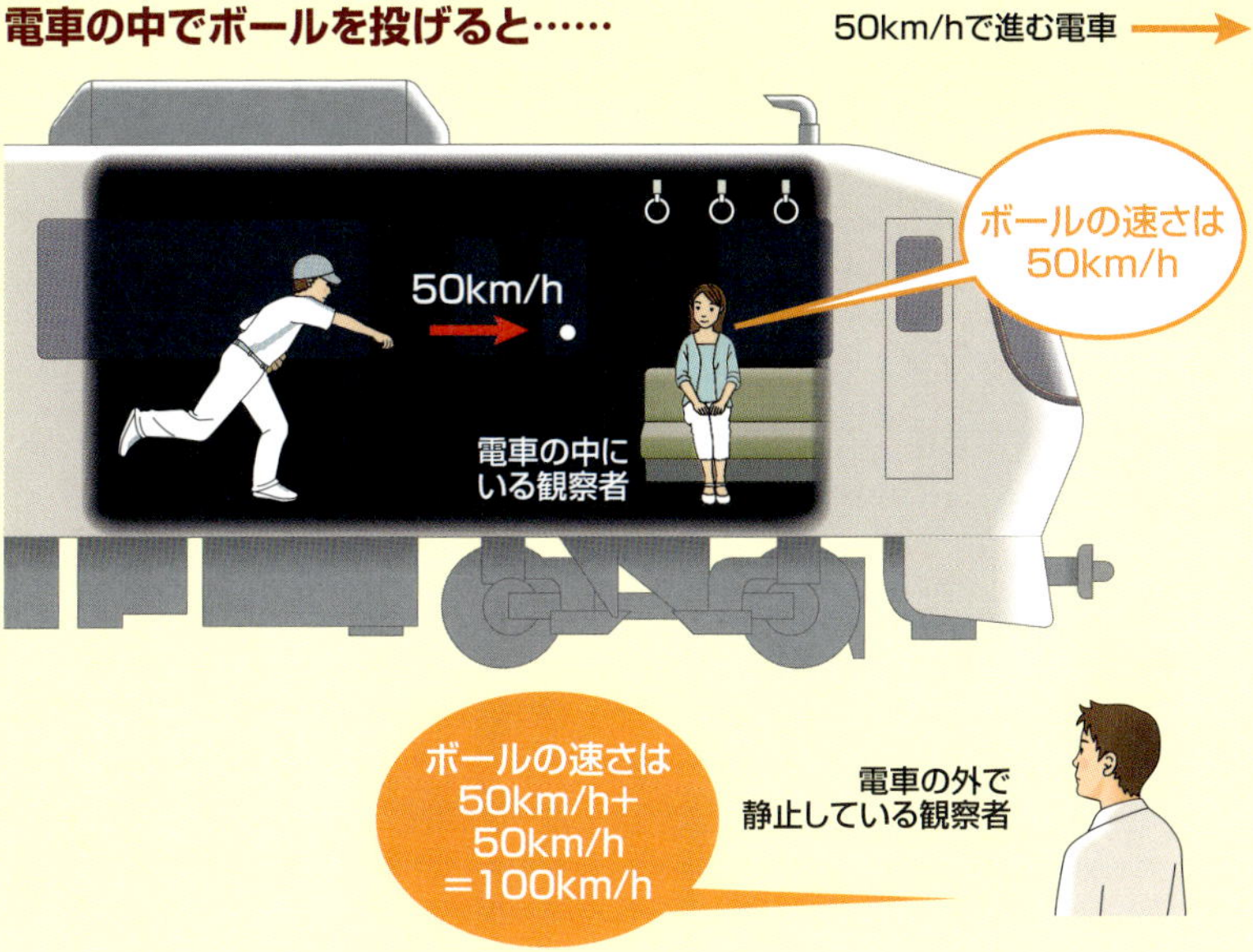

宇宙船の中で光を発射すると……

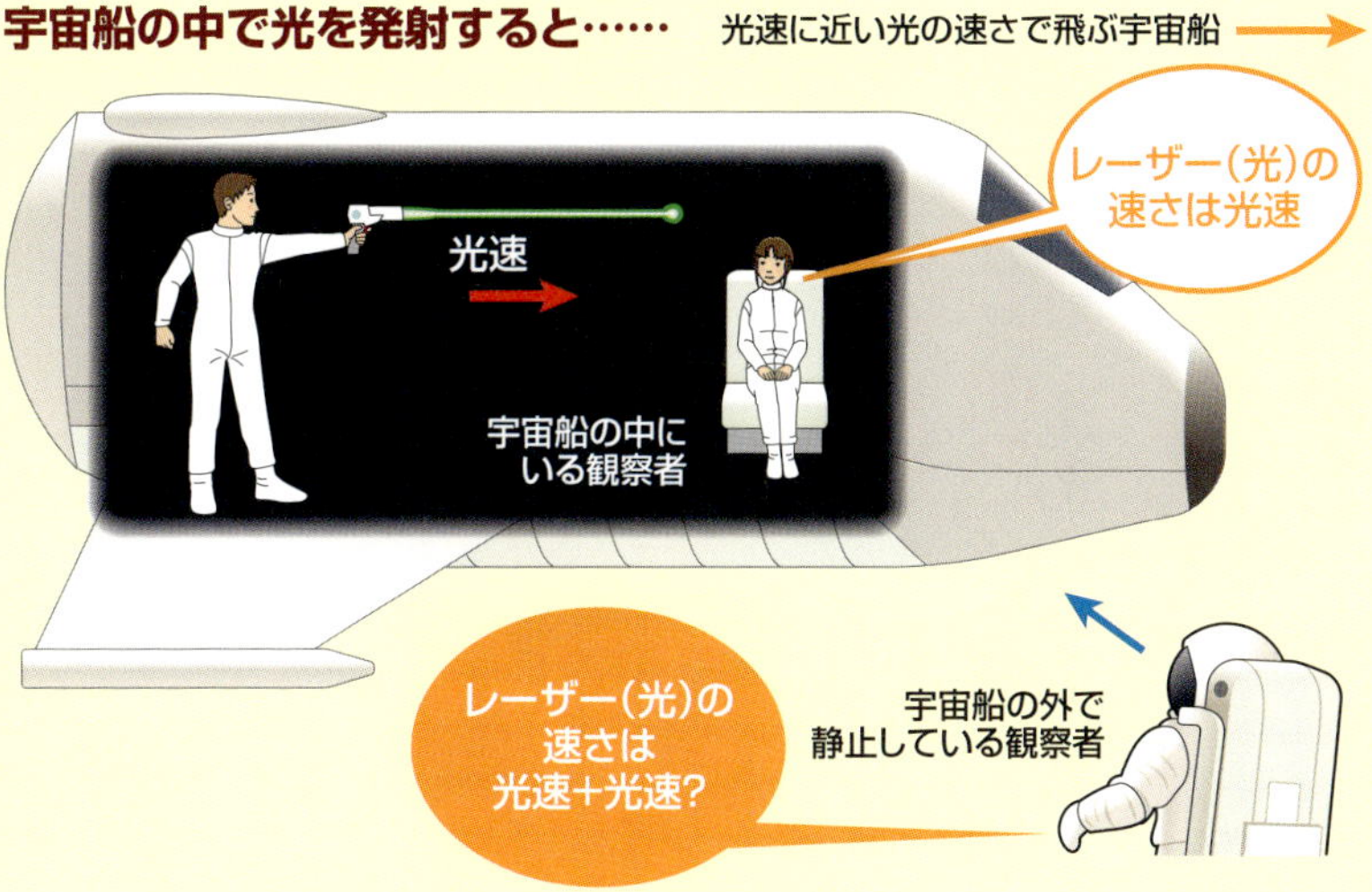

「光速度不変の原則」により、光速を超えることはできない。つまり、宇宙船の外で静止している観察者から見ても、レーザー(光)の速さは光速以上には見えないことになる。そこで、相対性理論では「観察者から見た運動速度が速いほど、運動する物体内の時間の流れは遅くなる」と考える。また、「運動する物体の長さも、進行方向に短くなる」ことになる。要するに、相対性理論によれば、光の速さはだれから見ても同じになるように、見る人の立場によって、時間や空間が伸び縮みすることになるのだ。

投げると、静止している観察者からは、電車とボールの速度が打ち消しあうため、ボールは止まって見える。つまり、「ボールが飛ぶ」という物理法則は同じだが、観察者がいる慣性系によって速度は変化することになる。

次に、ボールを光に置き換えてみる。電車内で見ても、電車の外から見ても光は同じ速度だ。慣性系が違っていても光の速度は変化しない。これが光速度不変の原理だ。

では、光速に近い速さで移動する宇宙船の中で、光を進行方向に発射したらどうなるだろうか？　宇宙船の外で静止している観察者がその光を見たとき、電車の例のように宇宙船の速度と光の速度を足してしまうと、光の速度を超えてしまう。つまり、光の速度が変わってしまい、光速度不変の原則に抵触する。そこで相対性理論では、「光の速度が変化したのではなく、宇宙船内の時間の流れが遅くなったために光が速くなったように見えた」と考えるのだ。

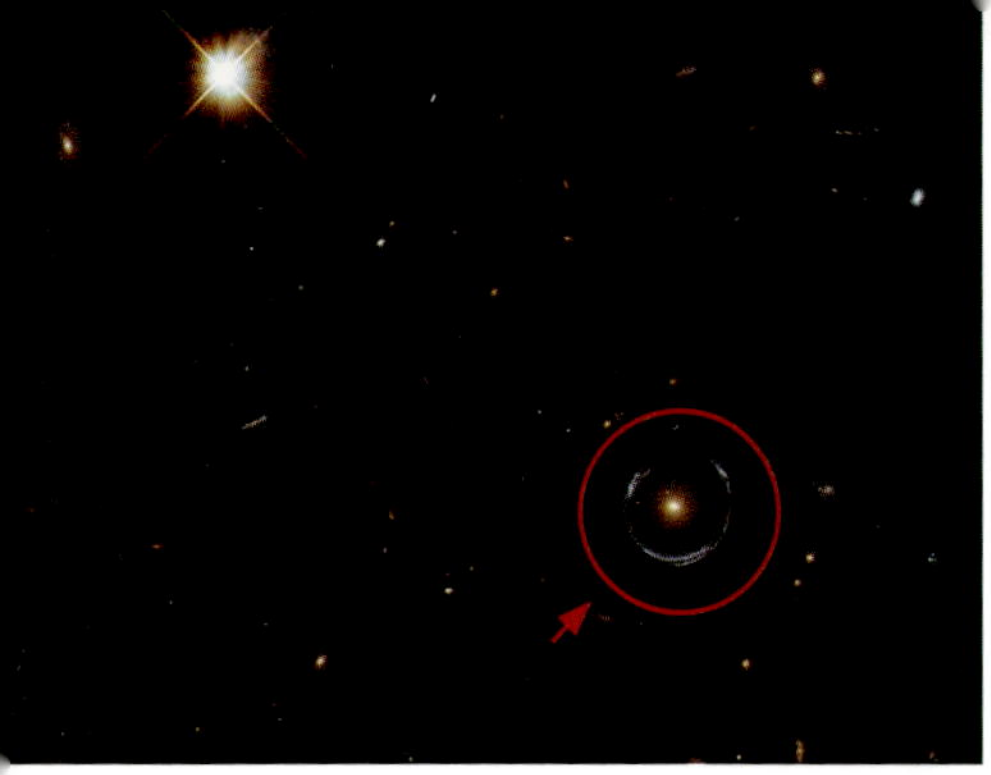

大きな重力によって恒星や銀河などの光が歪められてしまう現象を「重力レンズ（効果）」と呼ぶ。この写真では、遠方にある青い銀河が、手前にある赤い銀河の重力によって光が歪められ、馬蹄形に見えている。このように、重力レンズ効果でリング状に歪んで見える像は「アインシュタイン・リング」といわれる。

光速で移動すると時間の流れが遅くなる？

「光速度不変の原則」によって、「光速に近い速さで移動する宇宙船内の時間は進み方が遅い」ということになる。となると、たとえば光速に近い速さで移動する宇宙船で、1年間宇宙旅行を楽しんだ後で地球に帰ると、地球上ではすでに数年が経過していた、という事態になる。この現象を「ウラシマ効果」と呼ぶこともある。

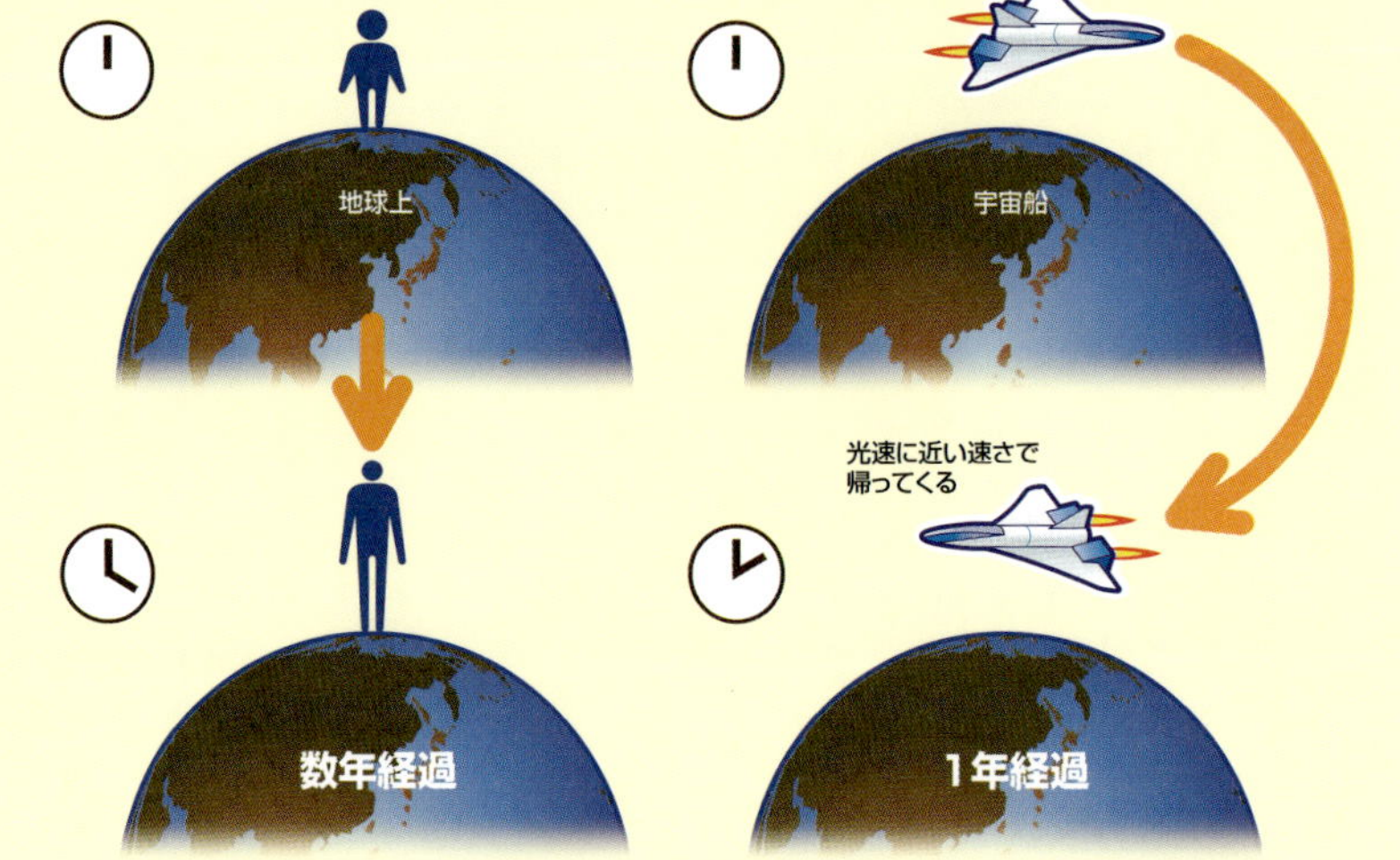

物体も光も重力に引き寄せられる

1916年、アインシュタインは「一般相対性理論」を発表する。特殊相対性理論が重力を除いた（比較的）簡単な場合について記述していたのに対し、一般相対性理論は、重力が加わった場合など、より現実に即した場合の運動について述べた理論だ。

その中に記述されている、のちに「アインシュタイン方程式」とも呼ばれる「重力場の方程式」は、重力レンズ効果やブラックホールなどの説明に利用される理論で、簡単にいえば「引力は空間が重力によって歪んだために起きる」というものだ。

宇宙がゴムでできた平らな板だとしよう。そこにボーリングの球を載せると、ゴム板は球の重さで沈み込む。このとき、球の周囲も一緒に歪む。これが重力による「時空連続体の歪み」※のイメージであり、ボーリングの球の重さが大きいほど、時空の歪みも大きくなる。また、この歪みによって光も進路を変えるのだ。

相対性理論によって解明された宇宙の謎は少なくない。物理学においても天文学においても、アインシュタインの功績は計り知れないといえるだろう。

※時空連続体の歪み：時空連続体とは、時間と空間を一緒に、マクロな視点から捉えた考え方。ある瞬間の一点について考えるのではなく、空間と経過する時間について考えることで、宇宙について理解しようとするもの。空間が変位し時間の流れが変化することを「時空連続体の歪み」という。

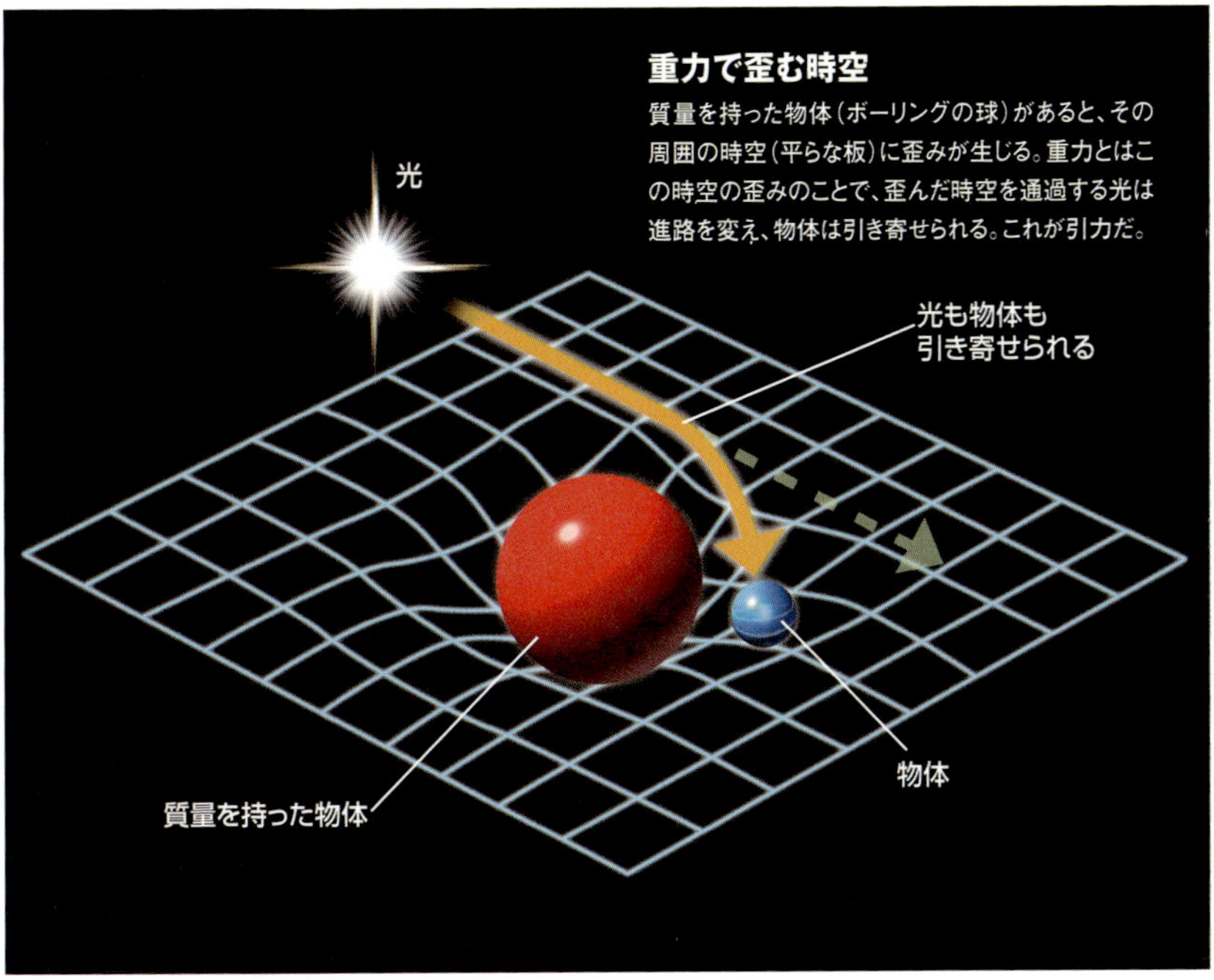

重力で歪む時空
質量を持った物体（ボーリングの球）があると、その周囲の時空（平らな板）に歪みが生じる。重力とはこの時空の歪みのことで、歪んだ時空を通過する光は進路を変え、物体は引き寄せられる。これが引力だ。

宇宙誕生のメカニズムを秘めた存在

自然界を支配する「4つの力」

強い力
陽子や中性子を
結びつけて
原子核を作る力。

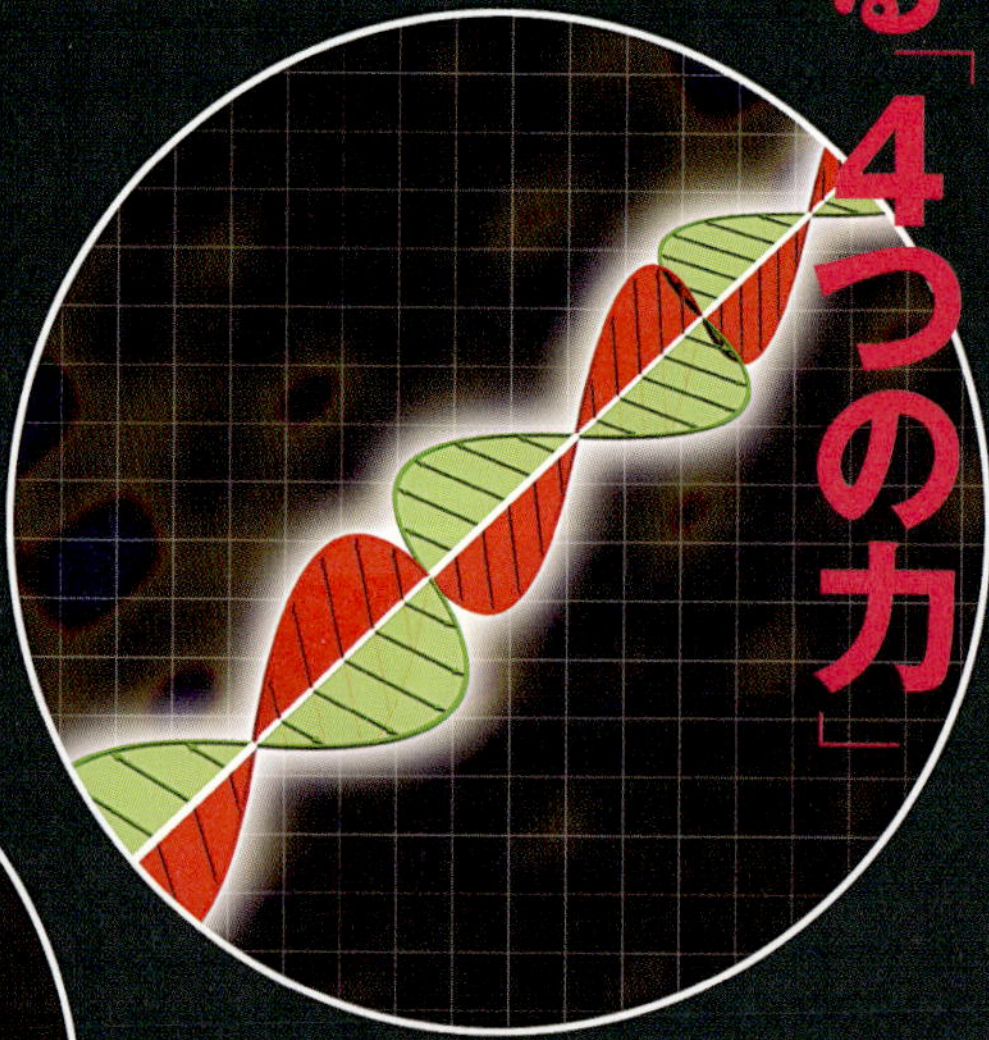

電磁気力
電気と磁気によって
作用する力。

弱い力
中性子が崩壊して、
陽子や電子、
ニュートリノに
なるときに働く力。

自然界におけるすべての力は4つに分類される

物質を構成するもっとも小さな単位である素粒子（110ページ参照）の研究を行う素粒子物理学では、素粒子の間に働く基本的な力、すなわち「電磁気力」「重力」「強い力」「弱い力」の4つの力が存在すると考えられている。これを「自然界の4つの力」、あるいは「基本相互作用」と呼ぶ。私たちの住む世界にあるさまざまな力、たとえば摩擦力や抵抗力、遠心力などは、この4つのいずれかの力によって生み出されている。

日常において身近に体感できる力

電磁気力とは、文字通り「電気」と「磁気」によって作用する力だ。電子と原子核を結びつけて原子を作る力であり、電気を帯びた粒子に働く。電気と磁気は別のもののように思えるが、電流が流れると磁場が生まれ、また磁場が動くと電流が発生するように、ふたつは同じものとして扱われる。

さらに、電磁気力にはふたつの相反する力が存在する。身近な例でいえば、電気のプラスとマイナス、磁石のN極とS極が相反する作用を起こす。つまり、磁石が引き寄せあったり、反発しあうのは、この電磁気力の作用によるものなのだ。

電磁気力と同じように、私たちが体感できる力が重力だ。重力とは物体が引き合う力、すな

自然界に存在する「4つの力」

宇宙が誕生した直後に存在したひとつの力は、段階を経て「重力」「電磁気力」「強い力」「弱い力」という4つの力に分かれた。

わち「万有引力※」のことである。その力の影響範囲は無限大だが、距離の自乗に反比例するため、距離が離れるほど力は弱くなる。

※万有引力：すべての物体は、互いに引き寄せる作用が働く。これを万有引力と呼ぶ。太陽のまわりを地球が回るのも、地球のまわりを月が回るのも、万有引力が作用しているためだ。私たち自身にも引力はあるが、地球の引力に比べるとあまりに小さいため感じることはできない。

目に見えないミクロの世界で働く力

４つの力のうち、強い力と弱い力はとても小さい原子の世界で働く力なので、イメージしにくいかもしれない。強い力とは、陽子や中性子を結びつけて原子核を作る力だ。電磁気力に対しておよそ100倍強いために、強い力と呼ばれている。

一方、弱い力は電磁気力のおよそ100万分の1ほどの強さしかない。これは、中性子が崩壊（ベータ崩壊※）して陽子や電子、ニュートリノになるような、素粒子が変化を起こすときに働く力のことだ。

※ベータ崩壊：ベータ崩壊とは、弱い力によって原子核の中性子がβ線（電子）を放出し陽子に変化する現象。β線とともにニュートリノの放出も観測される。

４つの力を説明する統一理論「万物理論」

現在は別々の作用である４つの力は、宇宙が生まれたころはひとつだったと考えられている。宇宙誕生直後に存在したひとつの力から、10のマイナス44乗秒後に重力が分離。次に、10のマイナス36乗秒後に分かれた強い力は、10のマイナス４乗秒後に変化して現在の形になった。さらに10のマイナス11乗秒後には電磁気力と弱い力に分かれたとされる。

研究者たちは、この宇宙を支配する４つの力を統一し、宇宙の進化を説明できる理論の確率を目指している。そのうち、すでに弱い力と電磁気力は「電弱理論」（あるいは「電弱統一理論」）によってまとめられており、現在は電弱理論に強い力を統合した「大統一理論」が研究されている。

大統一理論はまだ確立されていないが、多くの研究者が、最終的にはすべての力をまとめた理論、「万物理論」によって説明できるようになるだろうと考えている。そして、この万物理論のもっとも有力な候補と考えられているのが「超ひも理論」（「超弦理論」とも呼ばれる）である（122ページ参照）。万物理論が完成すれば、宇宙の誕生や構造の謎が解明できるようになるはずだ。

宇宙誕生後に分かれた「4つの力」

宇宙が生まれたとき、ただひとつの力からまず重力が枝分かれした。このときの温度は10の32乗K(※)、強い力が分かれたときの温度は10の28乗K、弱い力が分かれたときの温度は100兆Kだ。4つの力ができるまでにかかった時間は、わずか10のマイナス11乗秒(1000億分の1秒)。

※ケルビン(K)
温度を表す単位。すべての分子の運動が停止する絶対零度(マイナス273.15℃)を0(ゼロ)とする。

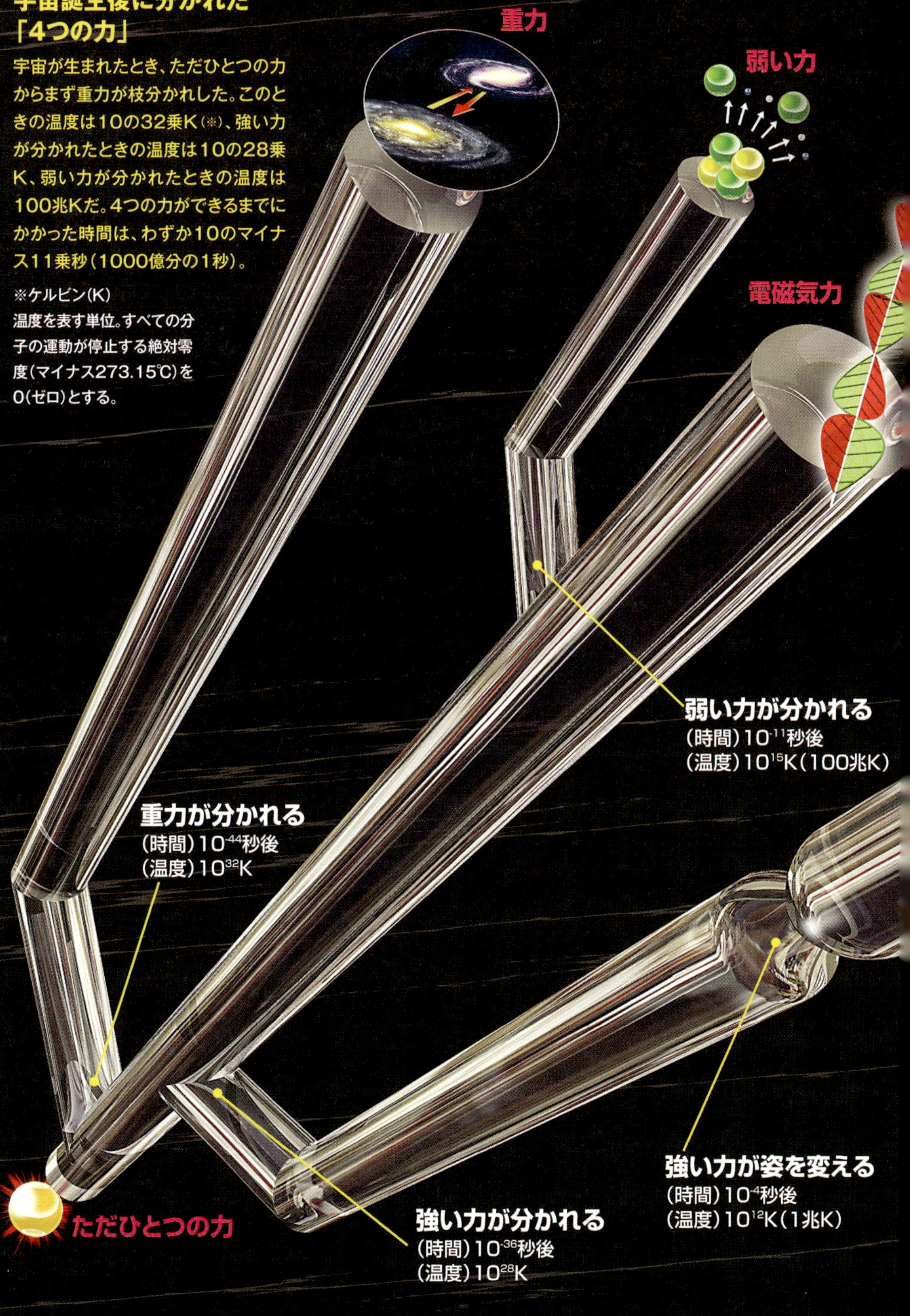

すべての物質を構成する最小単位

宇宙の謎を解き明かす素粒子研究

もっとも小さい単位「素粒子」とは

自然界の物質は、すべて原子で構成されている。たとえば水の分子は、原子である酸素ひとつと水素ふたつが組み合わされたものだ。

原子は原子核と電子に、原子核はさらに陽子《ようし》と中性子に分解できる。そして、陽子や中性子は「クォーク」と呼ばれる素粒子からできており、それ以上は分解することができない。すなわち、素粒子はすべての物質を構成する最小単位なのだ。

広大な宇宙もすべて素粒子からできている。また、ビッグバン直後の宇宙は、クォークと電子が飛び回る熱いスープのような状態だったと考えられている（114ページ参照）。つまり、極小の存在である素粒子を研究し理解することが、宇宙の謎を解明することにもつながるのだ。

素粒子の研究が初期宇宙の姿を描く

素粒子には数多くの種類がある。まず、物質間の力を構成する「ボソン」（ボース粒子）と、物質を構成する「フェルミオン」（フェルミ粒子）に分けることができる。

そのうち、ボソンは「ゲージ粒子」と「ヒッグス粒子」に分けられる。素粒子間での相互作用である「4つの力」（106ページ参照）は、ゲージ粒子の働きによるものと考えられており、ゲージ粒子には電磁気を伝える「光《こう》子《し》」や強い力を伝える「グルーオン」、弱い力を伝える「ウィークボソン」がある。

また、重力を伝えるゲージ粒子として、まだ見つかっていない「重力子」の存在が予想されている。同様に、まだ見つかっていないヒッグス粒子は、電子やクォークに質量を持たせるという重要な役割を持っている。

一方、フェルミオンには「クォーク」と「レプトン」があり、クォークはさらに「アップ」「ダウン」「チャーム」「ストレンジ」「トップ」「ボトム」の6種類に分けられる。たとえば、陽子はふたつのアップ・クォークとひとつのダウン・クォークから、中性子はひとつのアップ・クォークとふたつのダウン・クォークから成り立っている。

レプトンには、電荷を持った「電子」「ミュー粒子」「タウ粒子」（それぞれ反対の電荷を持つ反

素粒子の大きさ

物質をどんどん分割していくと、それ以上は分割できない粒子、すなわち素粒子にまで分けることができる。クォークはそうした素粒子のひとつである。また、原子核のまわりを回る電子もそれ以上分割することができず、これも素粒子のひとつだ。

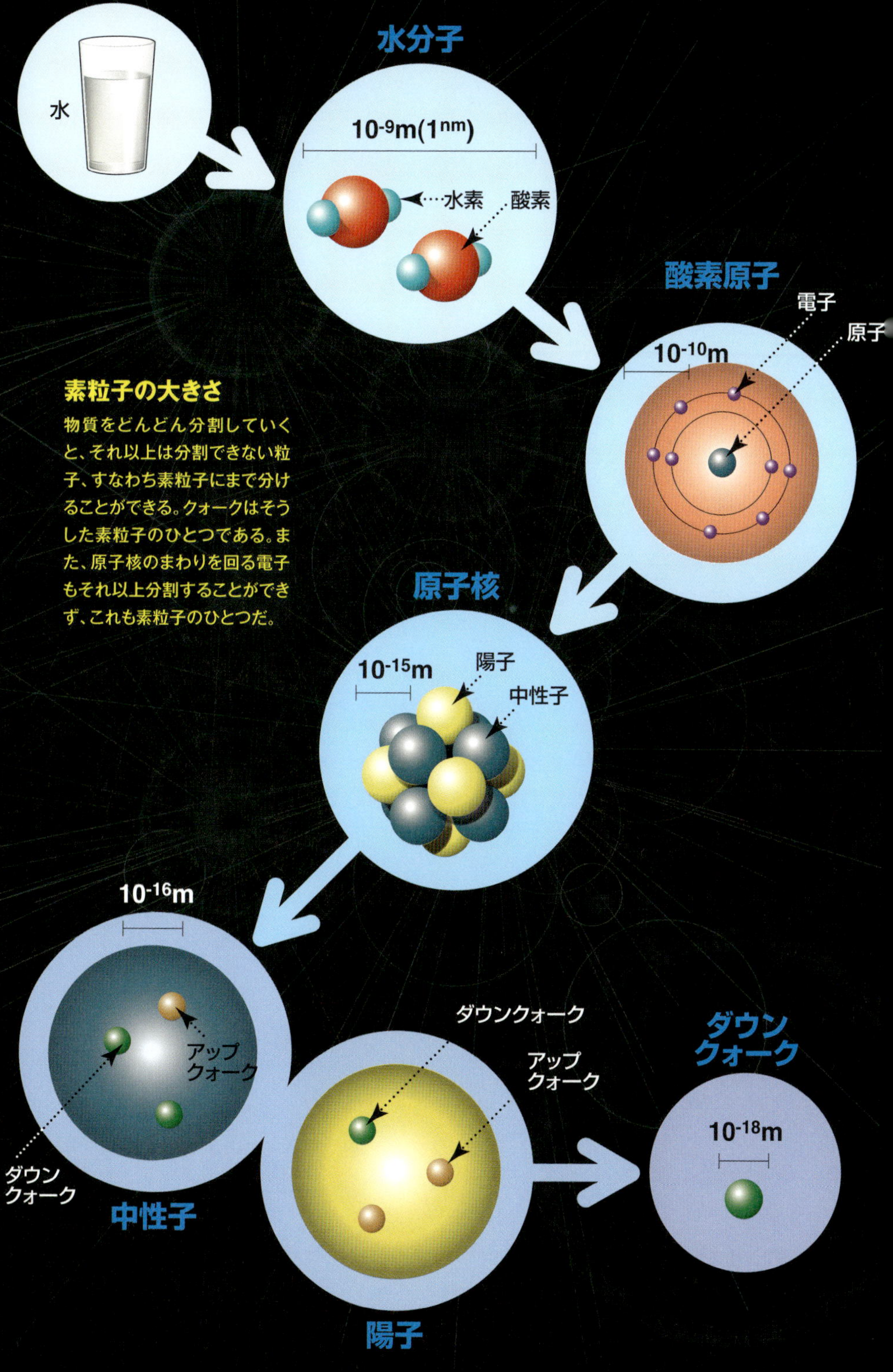

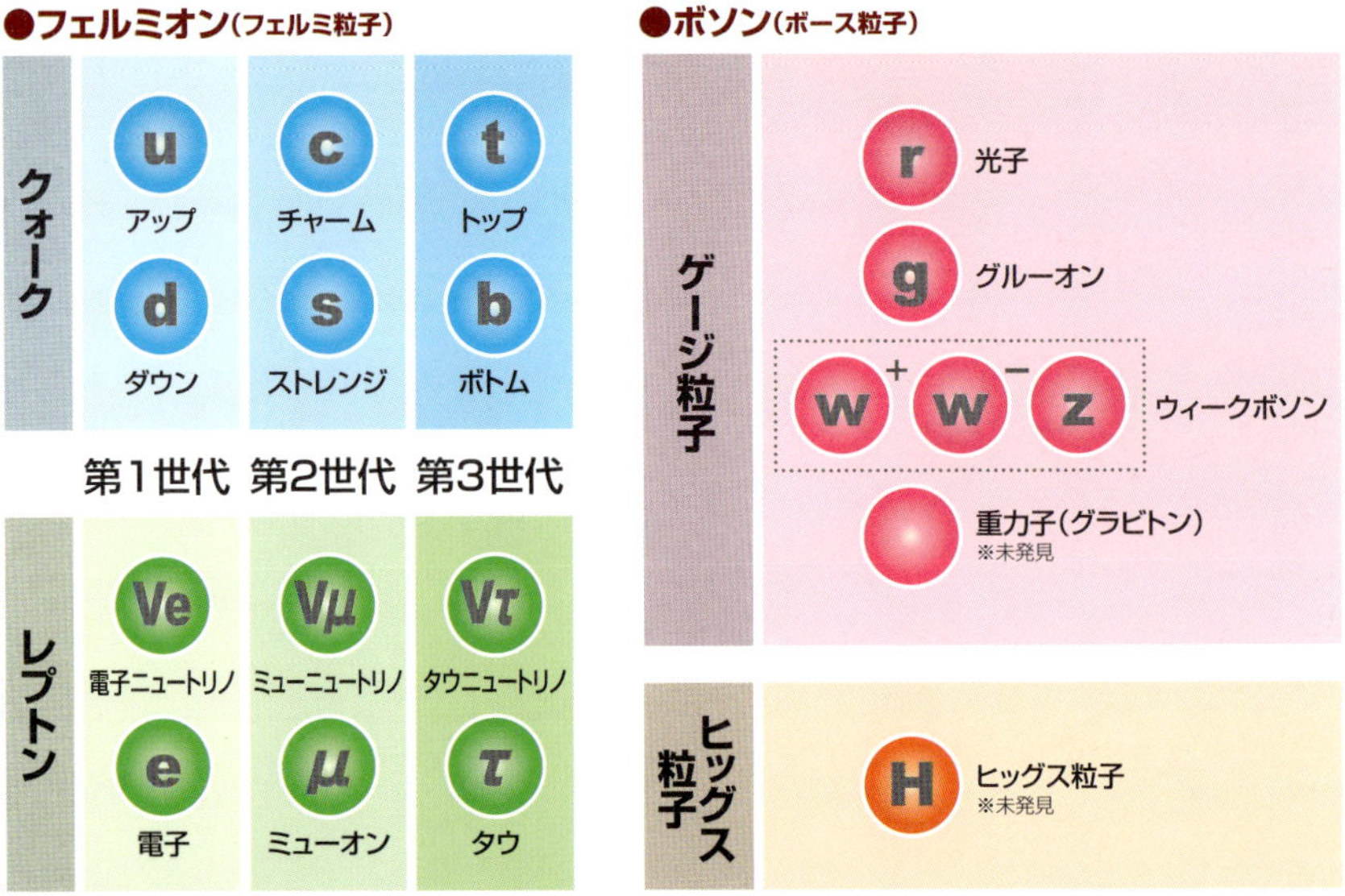

素粒子の種類

物質を構成する「フェルミオン」（フェルミ粒子）は、その性質によって第1世代から第3世代と呼ばれるグループに分類される。

粒子が存在する）と、電気的に中性な「ニュートリノ」がある。ニュートリノは、「電子ニュートリノ」「ミューニュートリノ」「タウニュートリノ」に分けられる。

素粒子研究に貢献した日本人物理学者たち

素粒子の研究に関しては、日本人研究者の貢献も大きい。日本人初のノーベル賞受賞者である湯川秀樹博士は、陽子や中性子を結合させる強い力の媒介となる「中間子」の存在を予言、世界的に評価された。2002年には小柴昌俊博士が、岐阜県の神岡鉱山跡に建設した「カミオカンデ」によって、世界で初めて自然のニュートリノを検出した功績により、ノーベル物理学賞を受賞している。

また、小林・益川理論によってクォークが6つであると予言した小林誠博士と益川敏英博士もノーベル物理学賞を受賞している。

日本の素粒子研究におけるノーベル物理学賞受賞者

受賞年	受賞者	受賞理由
1949年	湯川秀樹	中間子理論構想、「素粒子の相互作用について」で中間子の存在を予測
2002年	小柴昌俊	宇宙ニュートリノ検出におけるパイオニア的貢献
2008年	小林誠 益川敏英	小林・益川理論と「CP対称性の破れ」の起源の発見
	南部陽一郎	「自発性対称性の破れ」の発見

※南部氏はアメリカ国籍を取得しているので、公式にはアメリカ人受賞者の扱いとなる

南部陽一郎博士。宇宙誕生直後の状態を説明した「自発的対称性の破れ」でノーベル物理学賞を受賞している。のちに「超ひも理論」へと発展した「ひも理論(弦理論)」創始者のひとりでもある。

そして、小林・益川両氏と同年にノーベル物理学賞を受賞した南部陽一郎博士は、その研究の中で真空中におけるヒッグス場の存在を説明してみせた。

とうとうヒッグス粒子が見つかった?

2011年12月13日、スイス・ジュネーブにある欧州原子核研究機構(CERN)が、重要な発表を行った。ヒッグス粒子の存在を示す現象を確認したというのだ。CERNが持つ大型ハドロン衝突型加速器(LHC)を使ったアトラス実験とCMS実験というふたつの実験結果から、ヒッグス粒子が崩壊してできたと思われる現象が複数回確認できたという。

ただし、この結果からヒッグス粒子を発見したというのは早計で、今後さらなる検証やデータの収集が必要になるというが、もしかしたら2012年の後半には、ヒッグス粒子の存在を確認できるかもしれないという。

すでに1960年代にその存在が予測されていたヒッグス粒子の存在が確認されれば、素粒子の研究が大きく前進するだけでなく、新しい物理学の扉が開くことになるかもしれないのだ。

スイス・ジュネーブ郊外の地下に建設された世界最大の大型ハドロン衝突型加速器(LHC)。1周27キロメートルの巨大な円形の加速器で、加速した陽子同士を衝突させ、その際に発生するエネルギーでさまざまな素粒子を作り出す実験を行っている。

宇宙はどうやって生まれたのか?

ビッグバンとインフレーション

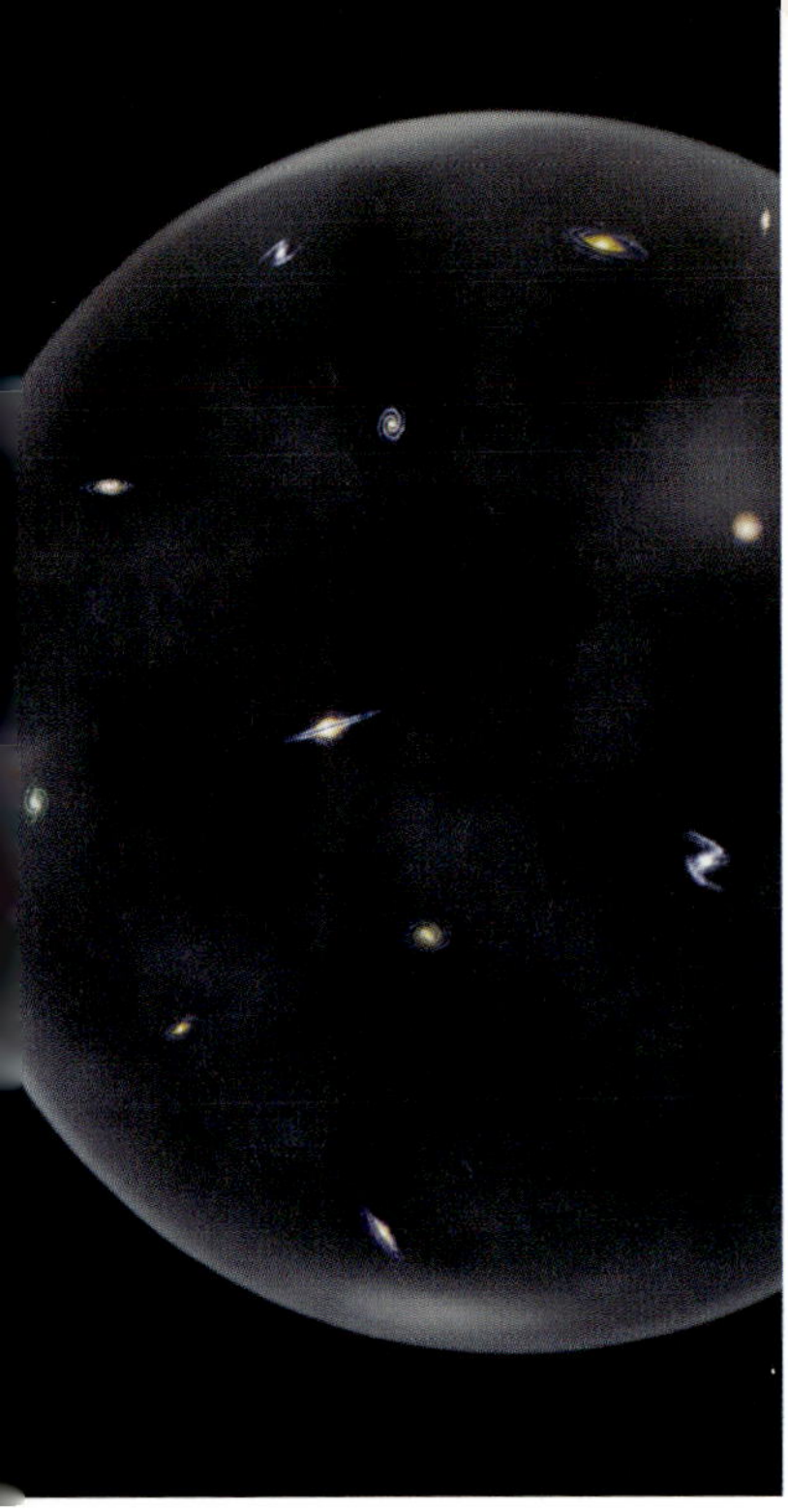

ハッブルの発見から生まれたビッグバン理論

人類は古くから宇宙に興味を持ち、その姿を解き明かそうとしてきた。宇宙はどうやって生まれたのか、有限なのか無限なのか、そして、最後はどのように消えていくのか——。

そうして数多くの宇宙論が生み出され、現在でもさまざまな形で宇宙を記述する理論が発表されている。

その理論を組み立てるための材料になり、そして出発点ともなるのは、宇宙を細かく観測することだ。現在、宇宙の始まりとして一般にもよく知られている「ビッグバン宇宙論」も、天文学者エドウィン・ハッブルの観測と解析の結果が出発点となっている。

ハッブルは、別の銀河にある星が赤方偏移※している、つまり遠ざかっていることを発見した。また、遠い銀河ほど遠ざかるスピードが速いことがわかり、宇宙が膨張していることを示したのである。

同じころ、物理学者で数学者のアレクサンドル・フリードマンが、アインシュタインの「一般相対性理論」から膨張する宇宙モデルを導き出しており、ハッブルの発見はこれを証明するものだった。

※赤方偏移：光のドップラー効果により、光のスペクトルが長波長側（赤方）にシフトする現象。ドップラー効果とは、近づくときには音や光の波長が短くなり、逆に遠ざかるときには波長が長くなる現象のこと。つまり、地球から離れていく星からの光は波長が長くなり、赤く見えることになる。

宇宙は大爆発から始まった?

フリードマンの弟子である物理学者ジョージ・ガモフは、「今の宇宙が膨張しているなら、そ

宇宙は膨張している

エドウィン・ハッブルの観測によって、宇宙は膨張を続け、銀河と銀河の距離はどんどん遠ざかっていることがわかっている。ただし、銀河そのものの大きさは変化しない。なぜなら、銀河の中の数千億個の恒星が重力で深く結びついているので、少なくとも当分の間はバラバラになることはない。

の始まりは密度が高い高温の状態だったはず」と考えた。ガモフのこの理論は画期的で、「火の玉宇宙論」とも呼ばれたが、これに反対する人物がいた。「宇宙は変化しない」とする「定常宇宙論」を発表した天文学者のフレッド・ホイルだ。

ホイルが火の玉宇宙論に対して、「それでは、宇宙は大爆発（ビッグバン）から始まったのか？」とガモフを揶揄《やゆ》したことから、「ビッグバン」という言葉が定着したのである。

このビッグバン理論は完全なものではなく、いくつかの問題点が指摘されていた。その問題点を解決したのが、「（宇宙の）インフレーション」だ。

インフレーション理論によれば、ビッグバンの前に、空間も時間も存在しない「無」の状態があり、そこに発生した真空エネルギーが量子ゆらぎ※を起こしたことで最初の宇宙が生まれたという。この理論は、物理学者のアラン・グースと佐藤勝彦東京大学名誉教授が最初に提唱した。

※量子ゆらぎ：量子力学において、ごく短い時間内では、エネルギー量は一定の値を取らない。これを「量子ゆらぎ」あるいは「量子論的なゆらぎ」などという。

インフレーション理論による宇宙の誕生

では、誕生したばかりの最初の宇宙とはどういう状態だったのだろうか。それは10のマイナス34乗センチメートルという極小の世界だった。それが、誕生後のマイナス36乗秒～マイナス34乗秒後の間に、10の１００乗倍に一気に膨張する。これが宇宙のインフレーションである。

インフレーションを起こした宇宙は、直後にビッグバンを起こす。ビッグバン直後は、100兆〜1000兆℃という高温状態で、物質は素粒子の形でしか存在できない。

宇宙誕生から1万分の1秒後になると、温度は1兆℃まで下がり、素粒子は互いに結びついて陽子《ようし》や中性子になる。

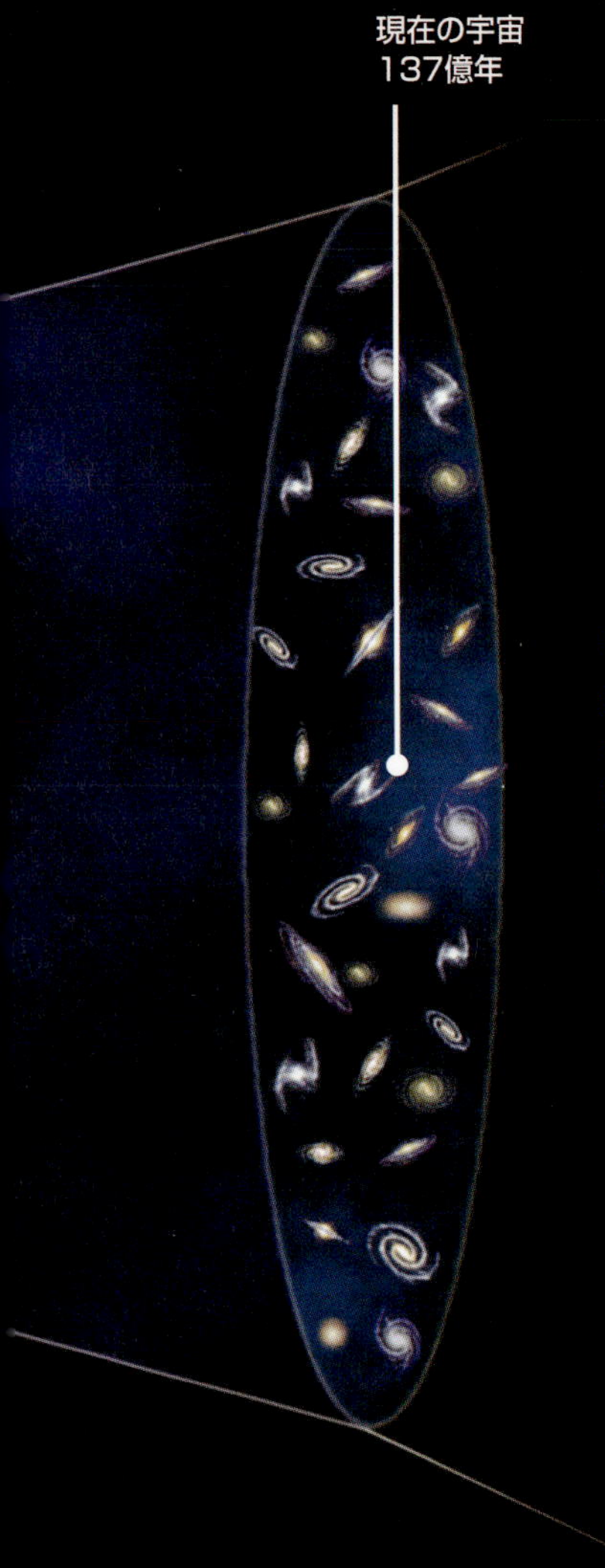

宇宙の誕生と進化

無から突然生まれ、インフレーションの大膨張を経たビッグバンの後、宇宙はゆるやかに膨張を続けている。しかし、60億年ほど前から再び膨張が加速している。

宇宙誕生から3分後、温度が10億℃ほどになると、陽子と中性子が結びついて原子核が生まれる。この原子核が電子を捕まえて原子が生まれるのは、宇宙誕生後38万年ほど経過し、宇宙の温度が3000℃まで下がったころだ。

電子が原子核と結びついたことで、光子《こうし》は電子に邪魔されず直進できるようになる。これにより宇宙に光が満ちあふれるが、これを「宇宙の晴れ上がり」と呼ぶ。

そして、宇宙誕生からおよそ4億年が経過したころ、星や銀河が形成されるようになり、ようやく私たちのよく知る宇宙の姿が現れる。そして現在は、宇宙誕生から137億年ほど経過していると考えられている。

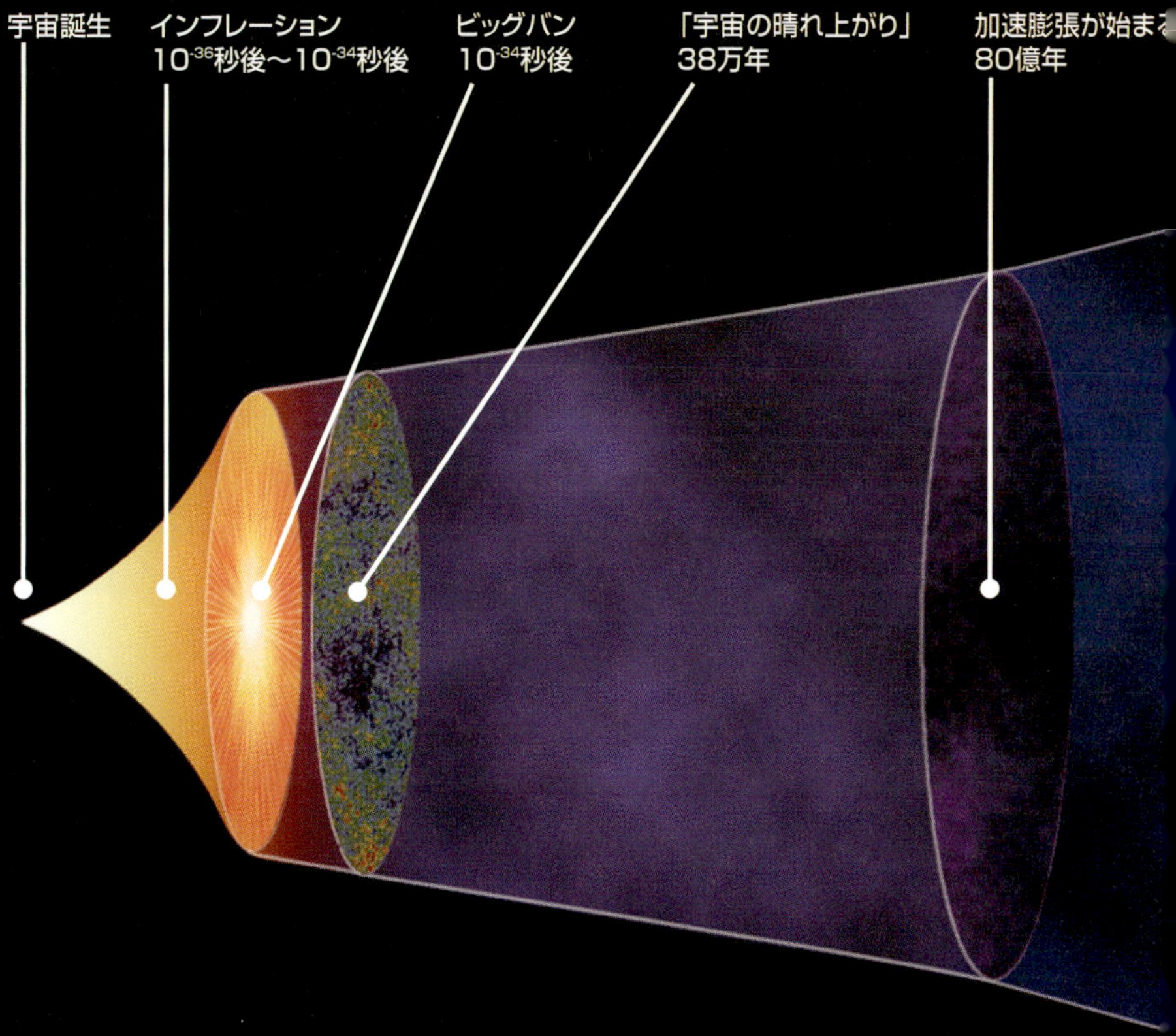

宇宙誕生後の様子

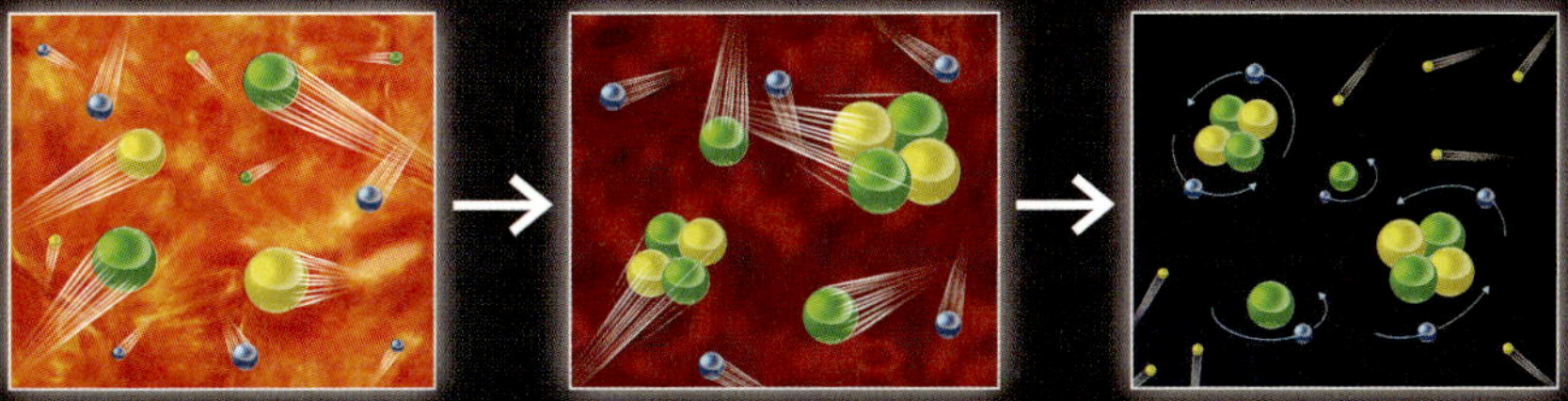

誕生直後の宇宙は、1000兆℃を超える高温で、クォークと電子が飛び回る熱いスープのような状態だった。

温度が10億℃まで下がったとき、陽子《ようし》と中性子が結びついて原子核ができたが、電子はまだ勝手に動き回っていた。

宇宙誕生後38万年ほどたってようやく電子が原子核に捉えられたために、光子《こうし》が自由に動けるようになり、宇宙に光があふれた。

宇宙を構成する未知の存在

ダークマターとダークエネルギー

銀河の回転速度が示す「見えない物質」の存在

銀河の外周の回転速度が「ケプラーの法則」に適合しない高速であるということは、中心に向かって引きつけられる重力が大きいために、それとバランスを取るために遠心力を発生させているからである。重力が大きいということは、目に見える物質以外の質量を持つ物質があるということなのだ。

宇宙は見えない物質で満ちている?

宇宙空間のほとんどは、見えない物質である「ダークマター」(暗黒物質)と「ダークエネルギー」(暗黒エネルギー)で占められていると考えられている。ただし、ダークマターもダークエネルギーもまだ存在は確認されておらず、あくまでも仮定の物質、仮定のエネルギーである。

しかし、見つかってはいないが、存在すれば宇宙の不思議な現象を説明することができ、「ビッグバン宇宙論」と実際の観測

WMAPによる宇宙背景放射から見えてきた宇宙の成分

NASAのWMAPが観測した「宇宙背景放射」はまだらに見えていた。宇宙背景放射とは、宇宙誕生から38万年がたち、宇宙が晴れ上がって最初に光が飛びはじめたときの光と熱の残照である。WMAPのデータを解析した結果、宇宙の成分が明らかになったのだ。

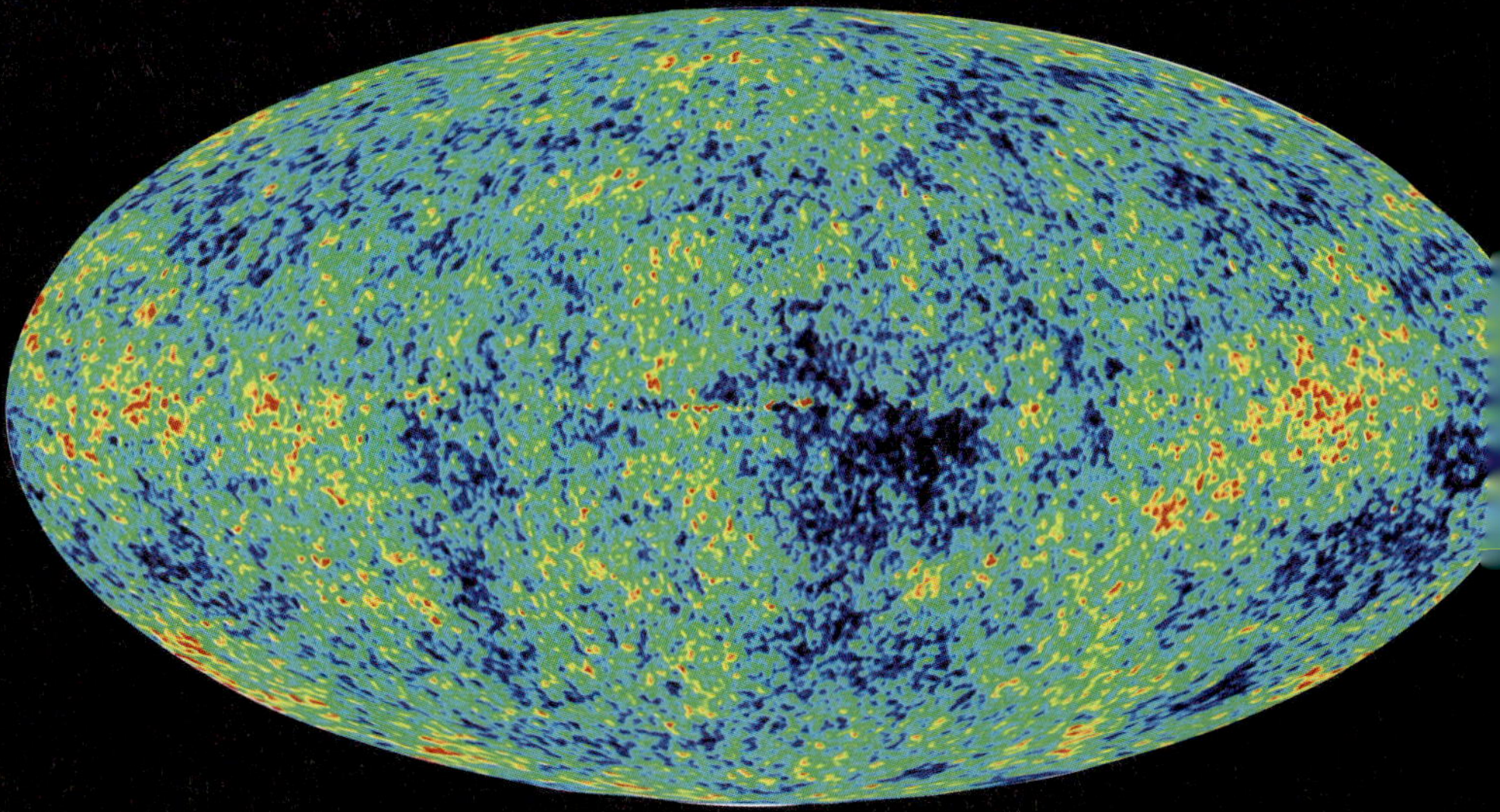

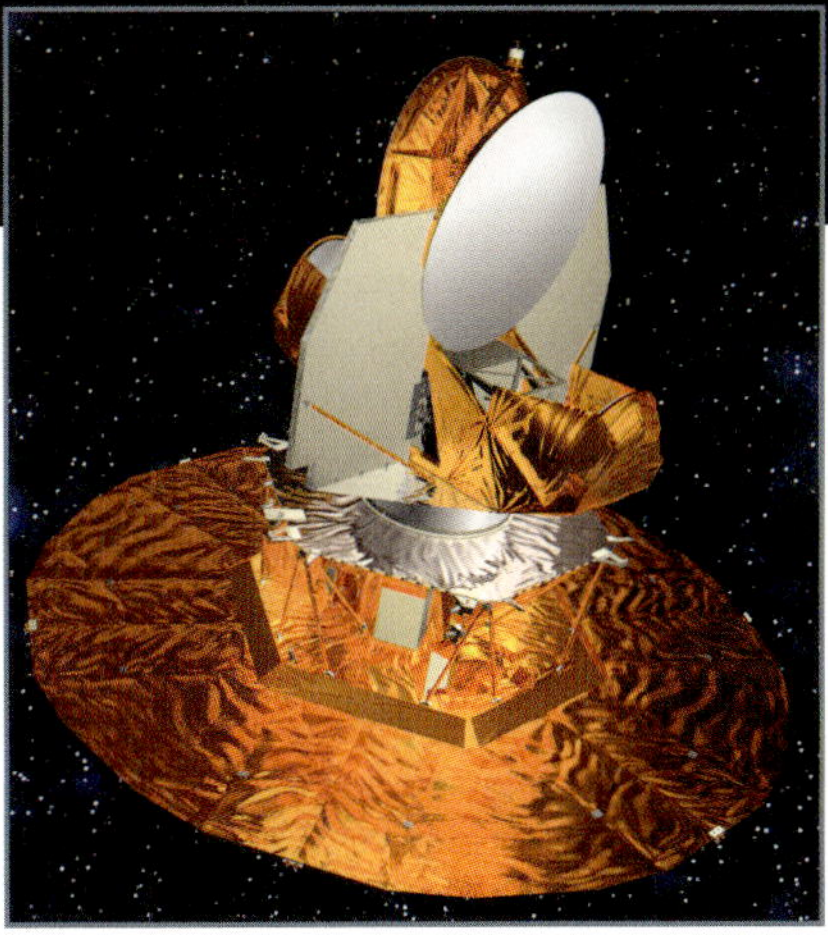

WMAP（Wilkinson Microwave Anisotropy Probe:ウィルキンソン・マイクロ波異方性探査機）は、宇宙マイクロ波背景放射(CMB)の温度を観測する目的で2001年に打ち上げられた。2010年8月に運用を完了するまで、膨大なデータを収集した。

結果が合致することになるのだ。両者の存在を否定する意見もあるが、現時点では有力な説であり、多くの科学者がダークマターとダークエネルギーを見つけようとしている。

観測結果が導いた正体不明の「何か」

「オールトの雲」(52ページ参照)の提唱者であるヤン・オールトが、1927年に恒星の運動から銀河系の重さを推測しようとして、運動が行われるためには質量が足りないことに気づいた。

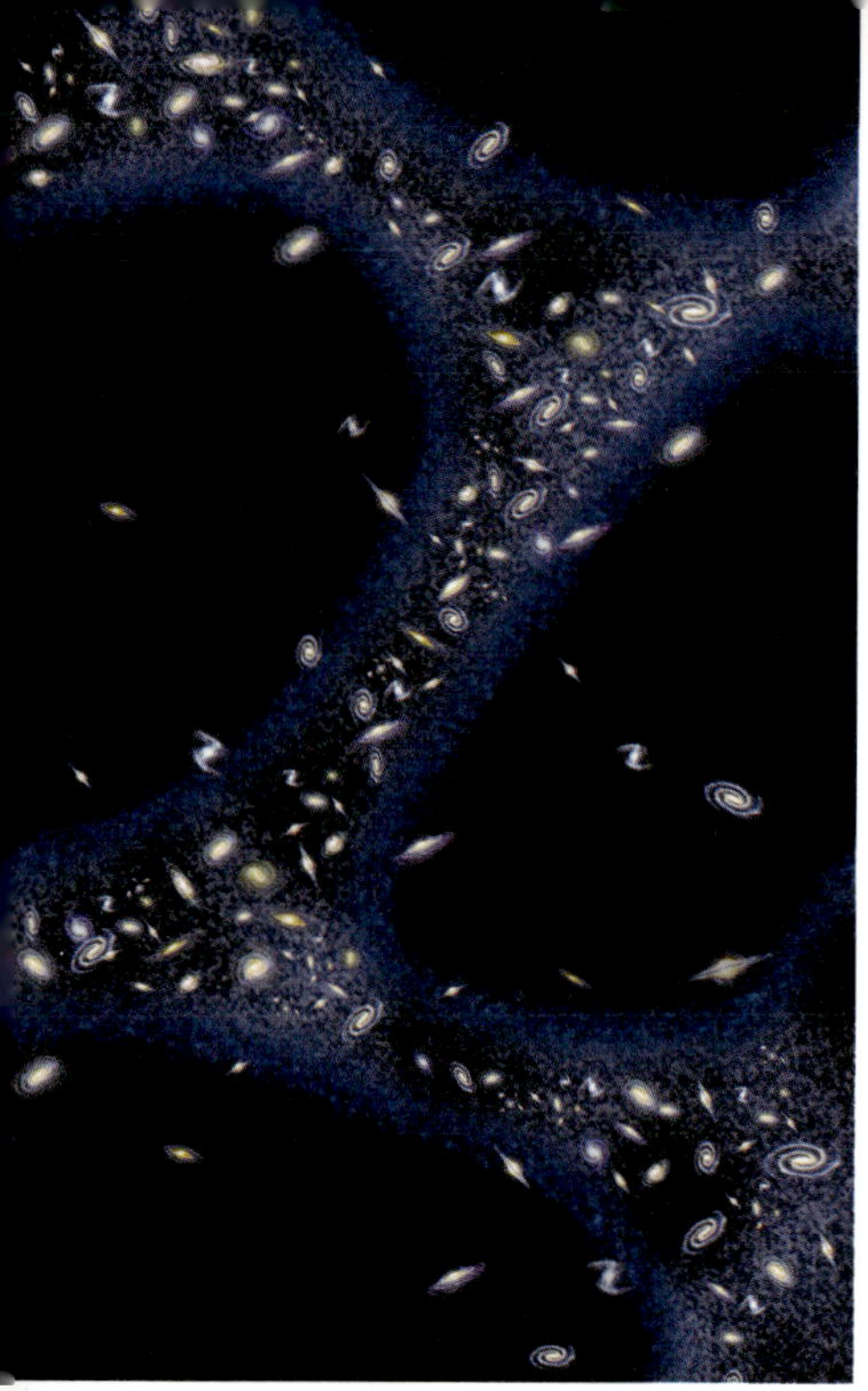

宇宙の大規模構造とは

宇宙空間では星が集まって銀河を構成する。その銀河が数百から数千ほど集まって銀河団となり、さらに銀河団が集まって超銀河団を形成している。超銀河団は均等に存在するのではなく、平面状に分布しており、これを「グレートウォール」と呼ぶ。また、グレートウォールの間の銀河がほとんど存在しない領域を「ボイド（超空洞）」と呼ぶ。宇宙のこのような構造を「宇宙の大規模構造」（宇宙の泡構造）といい、ダークマターが影響しているものと考えられている。

これは「ミッシング・マス（失われた質量）」問題と呼ばれ、ダークマターを仮定するきっかけとなった。

その後、1960年代に行われた銀河系の回転速度の観測で、銀河系の内側と外側の回転速度がほぼ同じことが判明する。銀河系は中心に近いほど星の数が多く（全体の質量が多く）、外側にいくほど星の数が少なく（全体の質量が少なく）なっている。本来なら、星の数が多い内側の回転速度は速く、星の数が少ない外側の回転速度は遅くなるはずだ。

ところが、内側と外側の速度が同じということは、そこに質量を持った「何か」が存在しなければつじつまがあわなくなる。そこで、宇宙空間には見えない物質が存在すると考え、それをダークマターと呼んでいるのだ。

一方、観測結果からは宇宙が膨張しつづけていることがわかっているにもかかわらず、膨張を加速するために必要なエネルギーが見つからない。そこでまた、まだ見つからないエネルギーが存在するはずと仮定し、そ

宇宙に存在するエネルギーの割合

宇宙を構成する物質のうち、私たちが知る物質はわずか5パーセントで、残りの95パーセントは未知の物質である。

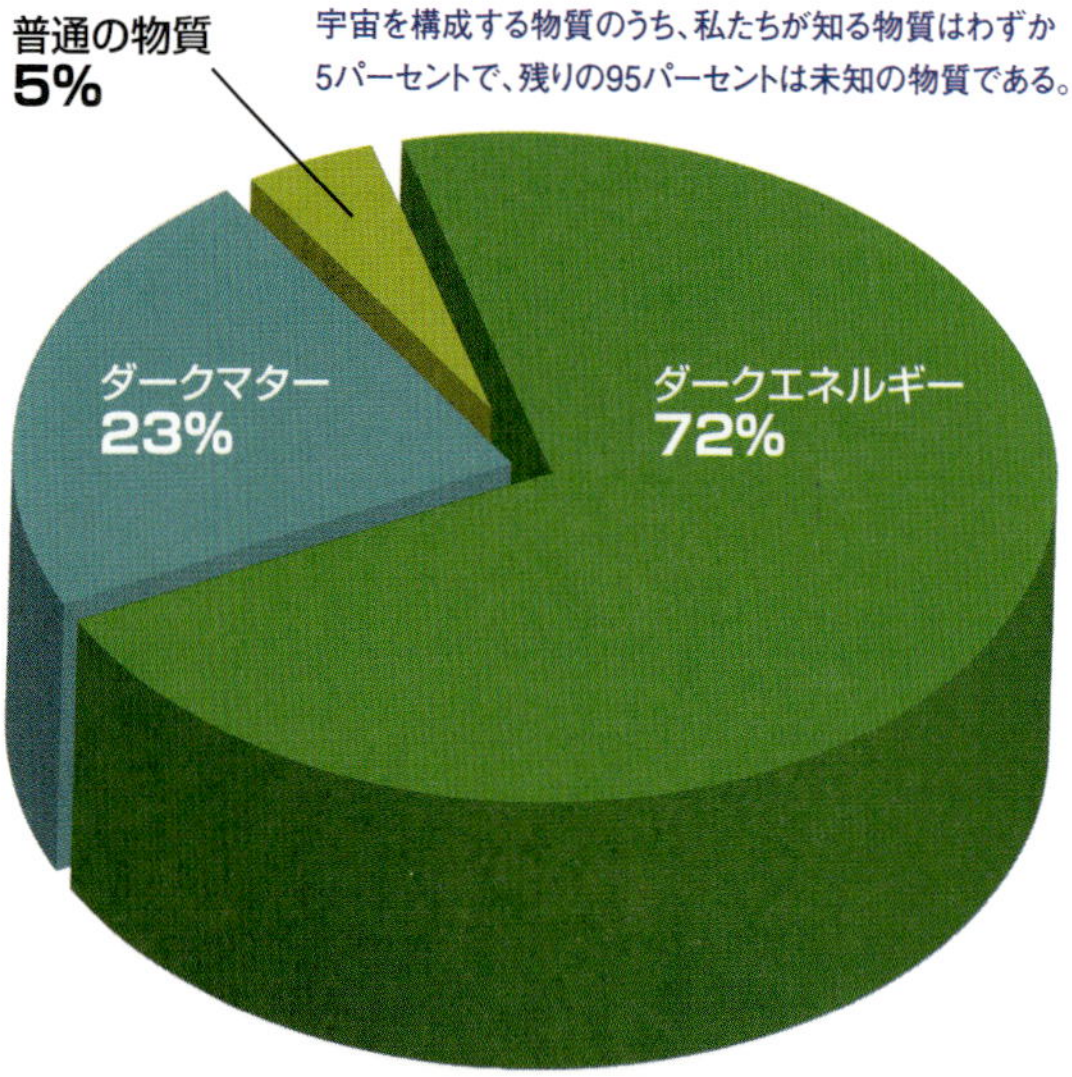

れをダークエネルギーと名づけた。ダークエネルギーの存在を仮定すれば、ビッグバン宇宙論と現在の観測結果が一致するようになるのである。

ダークマターの正体がわかった？

NASAが2001年に打ち上げたWMAP（ウィルキンソン・マイクロ波異方性探査機）の観測によれば、宇宙を構成する物質のうち、私たちが知っている物質はわずか5パーセントに過ぎず、あとは23パーセントがダークマターで、残りの72パーセントがダークエネルギーだという。つまり、宇宙のほとんどは、正体不明の物質やエネルギーで占められていることになるのだ。

一方、これまでのさまざまな観測結果から、銀河は均一に広がっているのではなく、密な部分と何もない部分とに分かれることが判明している。

また、宇宙の大規模構造を見ると、何もない空間（ボイド）が泡のように広がっていることがわかる（宇宙の泡構造）。宇宙がこうした構造になっているのも、ダークマターによるものと考えられている。

はたしてダークマターとはどんな物質なのだろうか。現在、その正体と考えられているのは、「ニュートリノ」や「アキシオン」などの素粒子（110ページ参照）だ。その中でも、「フェルミオン（フェルミ粒子）」のひとつである「ニュートラリーノ」がもっとも有力視されている。

最新の宇宙論事情をのぞく

超ひも理論と宇宙の終わり

すべての素粒子は「ひも」からできている？

宇宙はどうやってできたのか、何からできているのか、これからどうなっていくのか——多くの科学者がその謎に挑み、数多くの仮説が立てられてきた。これまで紹介してきた「ビッグバン」や「宇宙のインフレーション」も今のところは仮説にすぎないが、多くの研究者に支持されている。

そして、同様に仮説ではあるものの、物質と宇宙の根源を解明する鍵になる理論として有力視されているものに「超ひも理論」（超弦理論）がある。

超ひも理論とは、レプトンやクォークといった素粒子（110ページ参照）が、長さ10のマイナス35乗メートルの「ひも」の振動や回転によって作られるとするものだ。そして、振動する「ひも」の両端が閉じて（ループして）いるか、開いているか、どの方向にどんな振動をするかによって、作られる素粒子や粒子が異なるという。

超ひも理論からM理論へ発展

超ひも理論には現時点で5つ

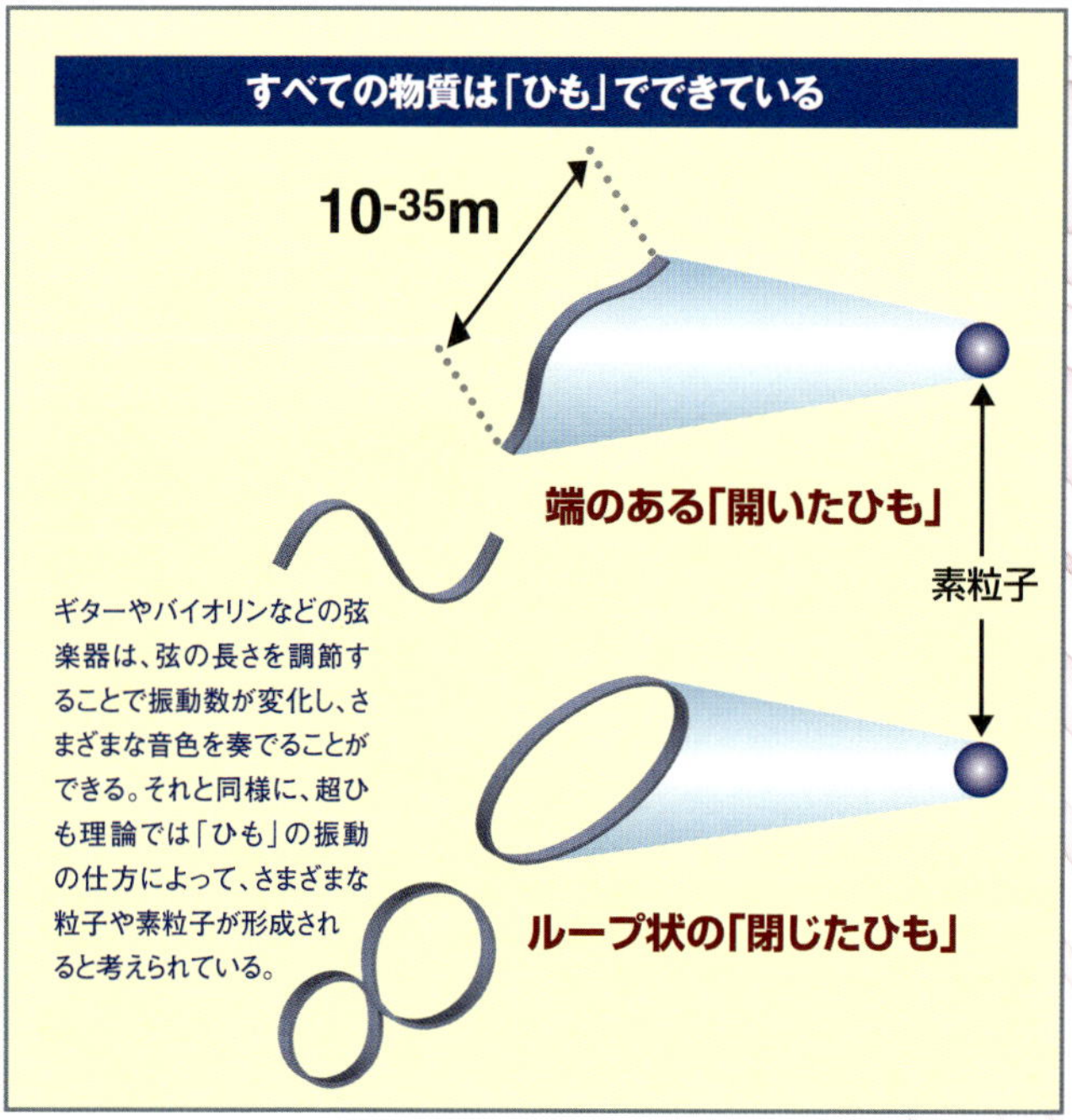

ギターやバイオリンなどの弦楽器は、弦の長さを調節することで振動数が変化し、さまざまな音色を奏でることができる。それと同様に、超ひも理論では「ひも」の振動の仕方によって、さまざまな粒子や素粒子が形成されると考えられている。

の種類があり、それぞれの理論に整合性を持たせるためには、10次元（または26次元）という時空間が必要とされる。

次元とは「空間の広がり」を表す指標で、点は1次元、平面は2次元、2次元に高さを加えた3次元（私たちの住む世界）、さらに3次元に時間の要素を加えた4次元までは観測が可能だ。そして、残りの6次元（または22次元）は非常に小さいサイズに折りたたまれ、素粒子の内部空間に収められているために観測できないと考えられている。

そして、ここにもう1次元を加え、「宇宙は11次元である」とする「M理論」が登場した。M理論では、「ひも」が「膜」（メンブレーン）でできている、つまり膜が丸まってひも状（チューブ状）になっていると考える。

M理論は先の5種類の超ひも理論を統合する可能性があり、いわば「万物を説明できる究極の理論」だ。このM理論が完成すれば、素粒子だけでなく、空間や時間についても理解できるようになると期待されている。

宇宙は高次元空間に漂う「膜」

理論物理学者のスティーブン・ホーキング博士は、当初は超ひも理論に懐疑的な立場を取っていたが、近年はM理論を取り入れた「ブレーンワールド」と呼ばれるアイディアを提示している。

ブレーンワールドとは、私たちの宇宙（3次元に時間を加えた4次元）は、5次元に浮かん

万物の事象を説明できる究極の「M理論」

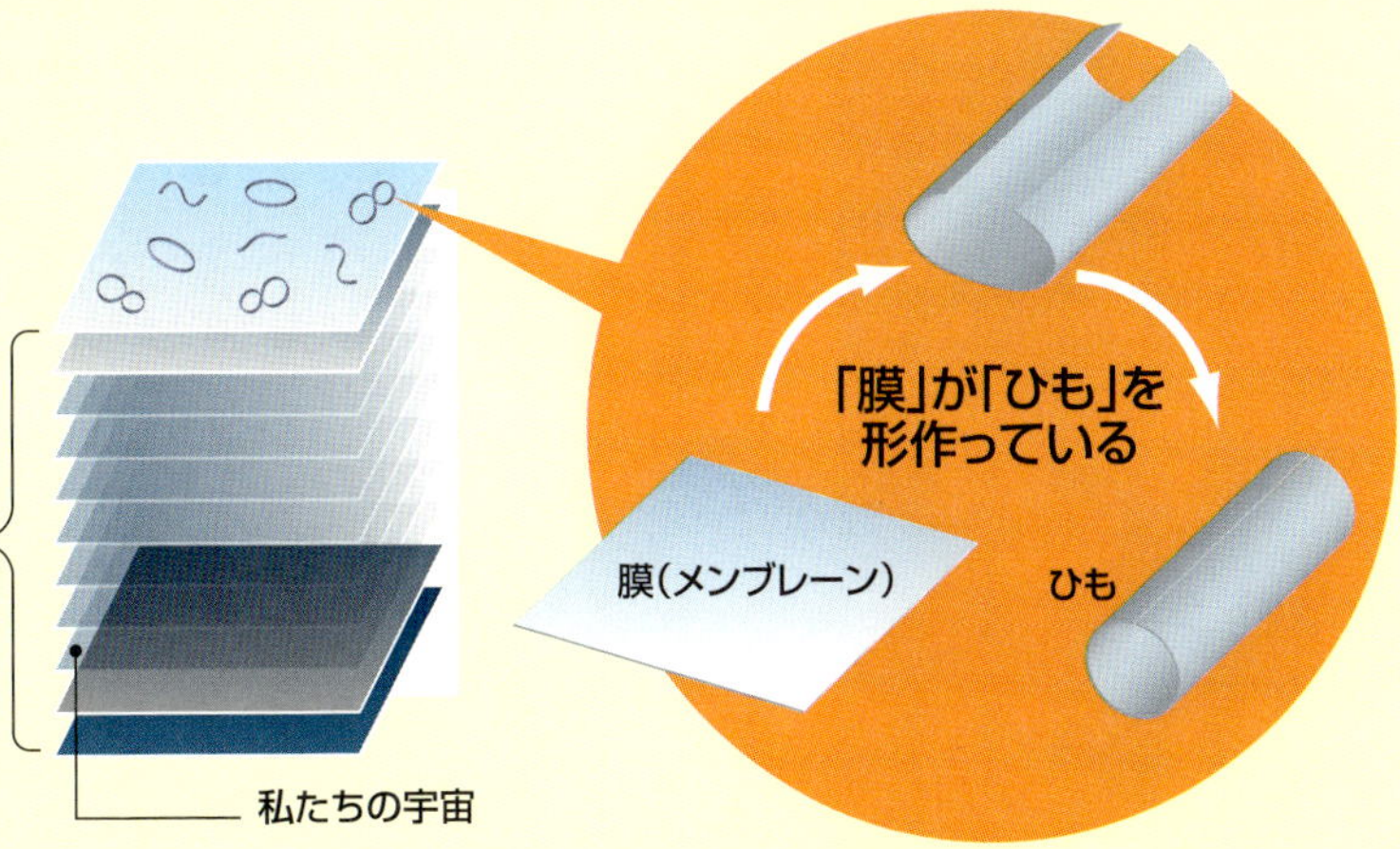

M理論では、万物は「膜」（メンブレーン）で形作られた「ひも」からできていると考える。宇宙もその「ひも」によって構成されていることになるが、私たちの宇宙（ブレーン）は10次元、あるいは11次元の時空の中に浮かんだ3次元の空間であると考えるのが「ブレーンワールド」（「ブレーン宇宙論」ともいう）だ。

だ「膜」の中に閉じ込められているという仮説だ。ブレーンは造語で、「縦と横の2次元的な広がりを持つメンブレーン(膜)よりも高い次元、つまり3次元や4次元、あるいはそれ以上の広がりを含んだ空間」という意味がある。このブレーン同士がぶつかることでインフレーションやビッグバンが起きるという説もあり、宇宙の誕生を説明する理論として注目を集めている。

最終的に宇宙はどうなるのか

宇宙の成り立ちについて諸説あるように、宇宙の終わりにもいくつもの仮説が立てられており、「平らな宇宙説」「開いた宇宙説」「閉じた宇宙説」の3つに大別される。

「平らな宇宙説」では、宇宙は現在から未来のある時点で宇宙の膨張速度が緩やかになり、安定した状態でゆっくりと膨張を続けていく。「閉じた宇宙説」では、ある時点で宇宙の膨張が止まり収縮しはじめる。やがて宇宙が一点に収縮する「ビッグクランチ」が起きる(その後、再びビッグバンが発生すると考える説もある)。

そして、「開いた宇宙論」は現在もっとも支持されている説で、宇宙は膨張を続け、やがて熱的な死を迎えるというものだ。

ここに挙げた以外にもさまざまな宇宙論が展開されており、研究者たちは議論を繰り返している。宇宙論とは、強い好奇心に突き動かされた人々が、果てしない想像力で真の宇宙を描き出そうとする努力の結晶といえるだろう。

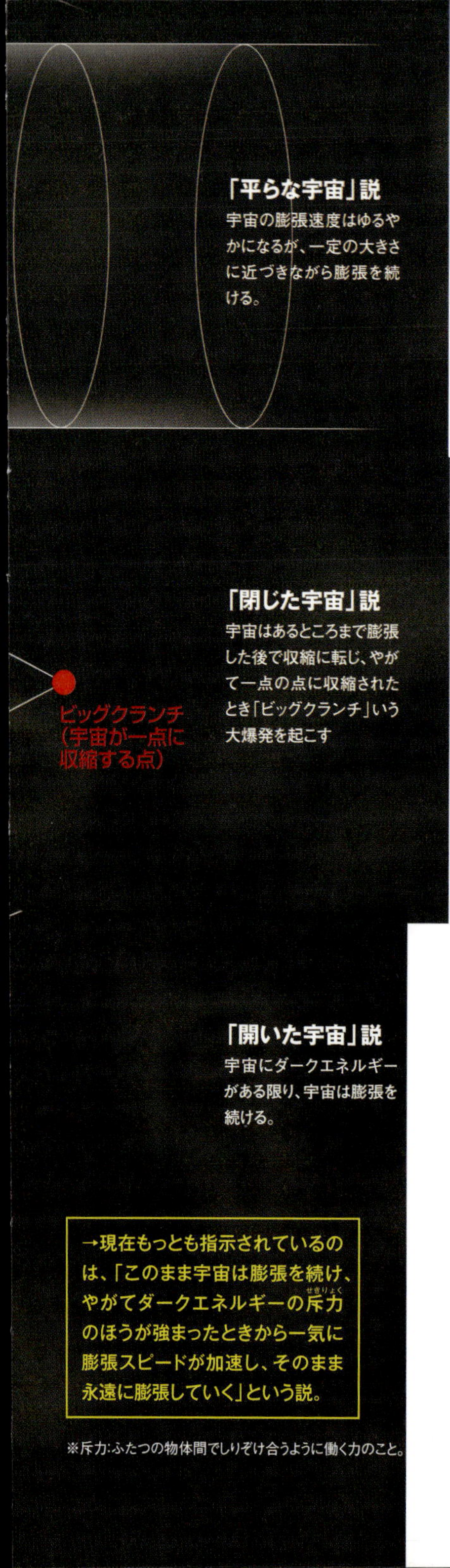
「平らな宇宙」説
宇宙の膨張速度はゆるやかになるが、一定の大きさに近づきながら膨張を続ける。
「閉じた宇宙」説
宇宙はあるところまで膨張した後で収縮に転じ、やがて一点の点に収縮されたとき「ビッグクランチ」いう大爆発を起こす
ビッグクランチ(宇宙が一点に収縮する点)
「開いた宇宙」説
宇宙にダークエネルギーがある限り、宇宙は膨張を続ける。
→現在もっとも指示されているのは、「このまま宇宙は膨張を続け、やがてダークエネルギーの斥力《せきりょく》のほうが強まったときから一気に膨張スピードが加速し、そのまま永遠に膨張していく」という説。
※斥力:ふたつの物体間でしりぞけ合うように働く力のこと。

さまざまな宇宙の未来像

ひたすら膨張しつづける宇宙、加速的に膨張する宇宙、ある地点で収縮に転じる宇宙——さまざまなモデルが考えられているが、答えはわかっていない。

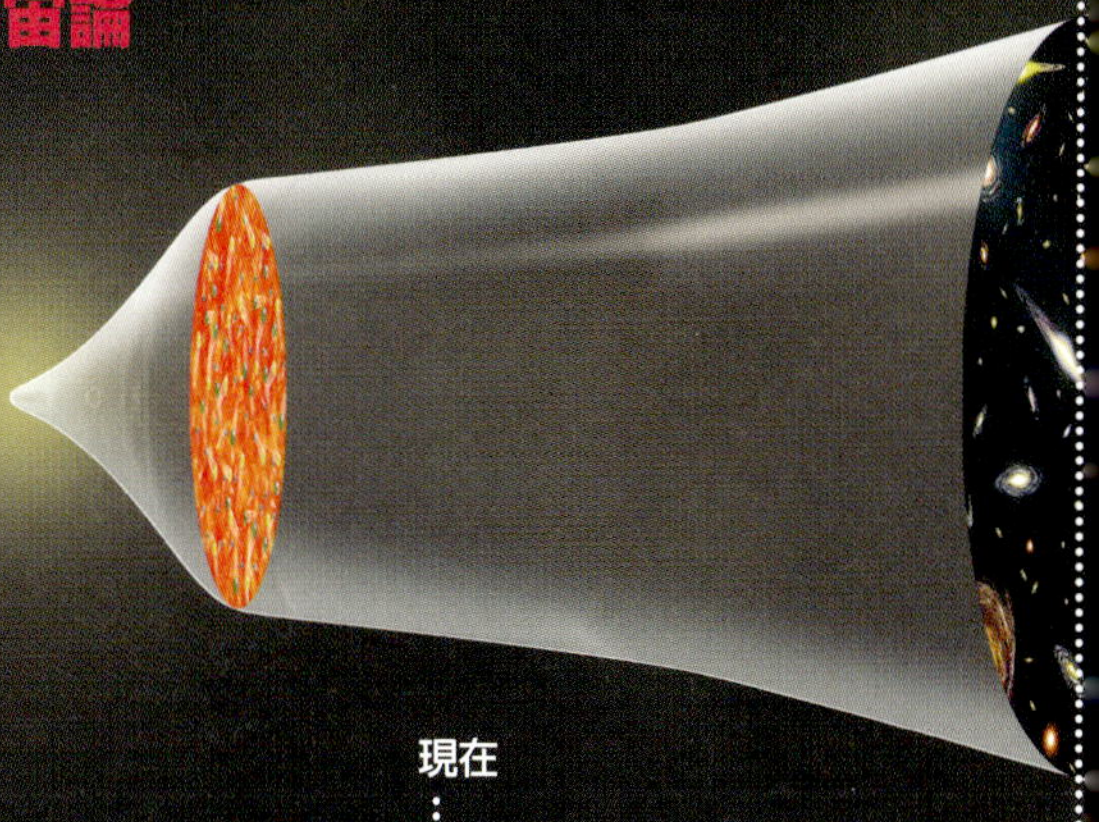

COLUMN 3
偉大な物理学者のこぼれ話

ニュートンとリンゴの木

ニュートンはリンゴが木から落ちるのを見て万有引力を発見した、という逸話は有名だが、それが事実だったかどうかはわからない。

ニュートンの家にリンゴの木があったことはたしかなようで、日本にもイギリスから送られた「ニュートンのリンゴの木」が現存している。

だが、この話はフランスの哲学者がニュートンの姪から聞いたものとされており、本人が語った（あるいは記述した）というわけではないのだ。

ちなみに、ニュートンがリンゴの木の下で休んでいるときに万有引力を思いついた、という説もある。

アインシュタインと日本

アインシュタインは親日家として知られ、戦前には来日も果たしている。彼がノーベル賞受賞の報を受け取ったのは、日本に向かう船上だったそうだ。また、来日中に食べた天ぷら弁当を気に入ったという逸話が残っているが、同じく親日家として知られるチャールズ・チャップリンも天ぷらが好きだったというから、天ぷらには欧米の人々に好まれる何かがあるのかもしれない。

ボサボサの白髪に口ひげ、大きな鼻といったアインシュタインの独特の風貌は、『鉄腕アトム』の御茶ノ水博士や『名探偵コナン』の阿笠博士など、科学者や学者、天才的な人物像として、日本の漫画やアニメにも強い影響を与えている。

マルチな才能を持った寺田寅彦

明治・大正・昭和と3つの時代を生きた物理学者・寺田寅彦は、随筆家・俳人としても知られ、西洋音楽にも通じていたという。夏目漱石とも親交があり、『吾輩は猫である』に登場する理学士、水島寒月のモデルといわれている。

「天災は忘れたころにやってくる」という言葉は、寺田の残したものとされるが、実際には随筆の中で書かれたものを元にして作られた言葉であるらしい。

俳優になったホーキング

筋力が低下する筋萎縮性側索硬化症（ＡＬＳ）を発症しながらも、ブラックホールに関する理論を発表するなどし、「車椅子の物理学者」などと呼ばれるスティーブン・ホーキング博士は、大のＳＦファンとしても知られている。ファンが高じて、アメリカのＳＦドラマ『新スタートレック』に本人役で出演してしまったほどだ。本人役とはいっても、ドラマは24世紀の話なので、ホログラム（立体映像）としての出演であった。

ホーキング博士以外にも、物理学者の中にはＳＦファンが多く、ロバート・Ｌ・フォワードのように、物理学者でありながらＳＦ小説家としても有名な人物もいる。

●写真・図版クレジット ※クレジット表記を要さないものは除く

4-5 X-ray: NASA/CXC/M.Markevitch et al.
6-7 NASA
8-9 The International Astronomical Union/Martin Kornmesser
10-11 （ページ内すべて）SOHO (ESA & NASA)
12-13 NASA/SDO/AIA●NASA/SDO/AIA●SOHO(ESA & NASA)●NASA●SOHO(ESA & NASA)
14-15 NASA●NASA/Johns Hopkins University Applied Physics Laboratory/Carnegie Institution of Washington●
NASA/Johns Hopkins University Applied Physics Laboratory/Carnegie Institution of Washington
16-17 ESA, image by C.Carreau●NASA/Johns Hopkins University Applied Physics Laboratory/Carnegie Institution of Washington●
NASA/Johns Hopkins University Applied Physics Laboratory/Carnegie Institution of Washington●
NASA/Johns Hopkins University Applied Physics Laboratory/Carnegie Institution of Washington
18-19 ESA(image by Christophe Carreau)●ESA/VIRTIS/INAF-IASF/Obs.de Paris-LESIA●NASA
20-21 NASA/JPL/USGS●NASA●NASA/JPL●NASA●ESA-C.Carreau●ESA-D.DUCROS
22-23 RUZANNA ARUTYUNYAN_Fotolia.com●NASA Goddard Space Flight Center Image by Reto St_ckli(land surface, shallow water, clouds).Enhancements by Robert Simmon(ocean color, compositing, 3D globes, animation). Data and technical support: MODIS Land Group; MODIS Science Data Support Team; MODIS Atmosphere Group; MODIS Ocean Group Additional data: USGS EROS Data Center(topography); USGS Terrestrial Remote Sensing Flagstaff Field Center(Antarctica); Defense Meteorological Satellite Program(city lights)
24-25 アフロ●NASA/CXC/M.Weiss●JAXA/ ロイター / アフロ●NASA/Goddard Space Flight Center/Scientific Visualization Studio●NASA
26-27 （ページ内すべて）NASA/JPL/USGS
28-29 JAXA/NHK●JAXA●NASA●NASA●NASA
30-31 NASA/JPL●NASA●NASA●NASA/JPL
32-33 ESA/DLR/FU Berlin(G.Neukum)●NASA/JPL-Calech/University of Arizona/Texas A&M University●
NASA/JPL-Caltech/MSSS●NASA/JPL/University of Arizona●NASA/JPL-Caltech/University of Arizona●
NASA/JPL-Caltech/Uni versity of Arizona
34-35 NASA/JPL-Caltech/UCLA/MPS/DLR/IDA●NASA●NASA, ESA, J.Parker(Southwest Research Institute),
P.Thomas(Cornell University), L.McFadden(University of Maryland, College Park), and M.Mutchler and Z.Levay(STScI)●NASA/Caltech
36-37 NASA/JPL-Caltech●NASA/Johns Hopkins Applied Physics Laboratory●NASA/JPL/JHUAPL●JAXA●JAXA●Don Davis, NASA
38-39 NASA Planetary Photojournal●NASA/JPL/Space Science Institute●NASA/JPL/University of Arizona
40-41 NASA, JPL, Galileo Project,(NOAO), J.Burns(Cornell) et al.●NASA/JPL-Caltech●X-ray: NASA/CXC/SwRI/R.Gladstone et al.;
Optical: NASA/ESA/Hubble Heritage(AURA/STScI)●NASA Planetary Photojournal●NASA/JPL/Ted Stryk
42-43 NASA/JPL/Space Science Institute●NASA/Hubble/Z.Levay and J.Clarke●NASA/JPL/Space Science Institute
44-45 NASA/JPL/Space Science Institute●ESA/NASA/JPL/University of Arizona●NASA/Craig Attebery●
NASA/JPL/Space Science Institute●NASA/JPL/Space Science Institute●NASA/JPL/Space Science Institute●NASA/JPL/SSI
46-47 NASA Planetary Photojournal●NASA, ESA, L.Sromovsky(University of Wisconsin, Madison), H.Hammel(Space Science Institute), and K.Rages(SETI)●NASA/ESA/STScI●NASA/JPL
48-49 NASA●NASA Jet Propulsion Laboratory●NASA/Jet Propulsion Laboratory●NASA/JPL
50-51 NASA, ESA, and M.Buie(Southwest Research Institute)●
NASA, ESA, H.Weaver(JHU/APL), A.Stern(SwRI), and the HST Pluto Companion Search Team●
Alan Stern(Southwest Research Institute), Marc Buie(Lowell Observatory), NASA and ESA●NASA
52-53 NASA/JPL●NASA/JPL-Caltech/WISE Team●
Johns Hopkins University Applied Physics Laboratory/Southwest Research Institute(JHUAPL/SwRI)●NASA/JPL-Caltech
54-55 NASA/JPL/California Institute of Technology●NASA, ESA, S.Beckwith(STScI), and The Hubble Heritage Team(STScI/AURA)●
Hubble Heritage Team, ESA, NASA
56-57 NASA, ESA, and The Hubble Heritage Team(STScI/AURA)●NASA, ESA, and the Hubble Heritage(STScI/AURA)-ESA/Hubble Collaboration●
NASA, ESA, and The Hubble Heritage Team(STScI/AURA)●NASA, ESA, the Hubble Heritage Team(STScI/AURA)-ESA/Hubble Collaboration,
A.Evans(University of Virginia, Charlottesville/NRAO/Stony Brook University), K.Noll(STScI), and J.Westphal(Caltech)●
NASA, ESA, the Hubble Heritage Team(STScI/AURA)-ESA/Hubble Collaboration, and K.Noll(STScI)
58-59 NASA/JPL-Caltech/NOAO●NASA, ESA, T.Megeath(University of Toledo) and M.Robberto(STScI)
60-61 NASA, ESA, STScI, J.Hester and P.Scowen(Arizona State University)●NASA, NOAO, ESA and The Hubble Heritage Team(STScI/AURA)●
NASA, NOAO, ESA and The Hubble Heritage Team(STScI/AURA)●NASA, ESA, J.Hester and A.Loll(Arizona State University)
62 NASA, 2009●NASA/Kepler mission/Wendy Stenzel
63 NASA, ESA, and M.Livio and the Hubble 20th Anniversary Team(STScI)
66-67 NASA
69 （ページ内すべて）NASA
70 NASA●NASA●NASA National Space Science Data Center
72-73 NASA●NASA●NASA●NASA
74-75 Apollo 17 Crew, NASA; Mosaic Assembled & Copyright: M.Constantine(moonpans.com)●NASA●NASA●NASA●NASA
76-77 Mary Evans Picture Library/ アフロ●JAXA●JAXA●JAXA●JAXA
78-79 JAXA●JAXA
80 （ページ内すべて）JAXA
82-83 JAXA●JAXA●Wakayama University Institute for Education on Space/ ロイター / アフロ
84-85 NASA photo●NASA Dryden Flight Research Center(NASA-DFRC)●NASA●NASA/Sandra Joseph and Kevin O'Connell●NASA
86-87 （ページ内すべて）NASA
88-89 （ページ内すべて）NASA
90-91 NASA●NASA●NASA●JAXA●JAXA/NASA●NASA●ESA-D.Ducros●JAXA/NASA●JAXA●NASA
92 池下章裕●JAXA
94-95 NASA/JPL-Caltech●NASA/GSFC●NASA/JPL-Caltech●ESA●ESA-AOES Medialab●久保田晃司
96 ESA●ESA/IPMB
97 NASA, ESA, and the Hubble Heritage Team(STScI/AURA)-ESA/Hubble Collaboration
101 NASA
104-105 ESA/Hubble & NASA●久保田晃司
106-107 川名孝史
108-109 川名孝史
113 アフロ●DEMANGE FRANCIS/GAMMA/ アフロ●アフロ
114-115 久保田晃司
116-117 久保田晃司●川名孝史
118-119 久保田晃司●NASA/WMAP Science Team●NASA/WMAP Science Team
120-121 久保田晃司
124-125 川名孝史
126 EtiAmmos-Fotolia.com
127 NASA, ESA, and the Hubble Heritage Team (STScI/AURA)-ESA/Hubble Collaboration

●主な参考資料
『ニュースでわかる! 宇宙』(学研)／『宇宙の裏側がわかる本』(学研)／『月の謎と不思議がわかる本』(学研)／『ゼロからわかる図解最新宇宙論』(佐藤勝彦監修／学研)／『日本の宇宙開発』(学研)／『Newton別冊　探査機はやぶさ7年の全軌跡』(ニュートンプレス)／『太陽系ビジュアルブック改訂版』(アスキー)／『徹底図解 宇宙のしくみ』(新星出版社)／『史上最強カラー図解 宇宙のすべてがわかる本』(渡部潤一監修　ナツメ社)／『マンガでわかる宇宙のしくみと謎』(中川人司監修　池田書店)／『理科年表読本　太陽系ガイドブック 100億キロの旅』(寺門和夫著　丸善)／『宇宙はわれわれの宇宙だけではなかった』(佐藤勝彦著　PHP研究所)／『宇宙の新常識100』(荒舩良孝著　ソフトバンククリエイティブ)／『天文年鑑2012』(誠文堂新光社)／『ハッブル宇宙望遠鏡によるビジュアル宇宙図鑑』(沼澤茂美、脇屋奈々代著　誠文堂新光社)／『宇宙論入門―誕生から未来へ』(佐藤勝彦著　岩波新書)／『「量子論」を楽しむ本』(佐藤勝彦著　PHP文庫)／『SF相対論入門』(石原藤夫著　講談社ブルーバックス)／『バークレー物理学コース1 力学　上・下』(今井功監訳　丸善)／『THE SPACE SHUTTLE OPERATOR'S MANUAL』(ケリー・マーク・ジョエル、グレゴリー・P・ケネディ著　バランタイン・ブック)／他

●主な参考サイト
JAXA(宇宙航空研究開発機構) http://www.jaxa.jp/
NASA(アメリカ航空宇宙局) http://www.nasa.gov/
ESA(欧州宇宙機関) http://www.esa.int/esaCP/index.html
国立天文台 http://www.nao.ac.jp/
※その他、多数の書籍やウェブサイトを参考にさせていただいております。

宇宙がまるごとわかる本

2012年2月28日　第1刷発行
2012年7月19日　第5刷発行

編集制作 ● 出口富士子(ビーンズワークス)
編集協力 ● 水野寛之
デザイン ● 新井美樹(Le moineau)
イラスト制作 ● (有)ケイデザイン
図版・写真協力 ● NASA／ESA／宇宙航空研究開発機構(JAXA)／(財)日本宇宙フォーラム／アフロ／Fotolia／他

編者 ● 宇宙科学研究倶楽部
発行人 ● 脇谷典利
編集人 ● 土屋俊介
企画編集 ● 宍戸宏隆

発行所 ● 株式会社　学研パブリッシング
〒141-8412　東京都品川区西五反田2-11-8
発売元 ● 株式会社　学研マーケティング
〒141-8415　東京都品川区西五反田2-11-8
印刷所 ● 凸版印刷株式会社

[この本に関する各種の問い合わせは、次のところへご連絡ください。]
●編集内容については　Tel 03-6431-1506(編集部直通)
●在庫、不良品(落丁、乱丁)については　Tel 03-6431-1201(販売部直通)
●学研商品に関するお問い合わせは下記まで。
Tel 03-6431-1002(学研お客様センター)
【文書の場合】
〒141-8418　東京都品川区西五反田2-11-8
学研お客様センター「宇宙がまるごとわかる本」係